高等院校数字艺术精品课程系列教材

CorelDRAW

核心应用案例教程 CorelDRAW 2020

全彩慕课版

谷晓勇 肖念 主编 / 廖志恒 陈芳 副主编

人民邮电出版社

北 京

图书在版编目（CIP）数据

CorelDRAW核心应用案例教程 : 全彩慕课版 :
CorelDRAW 2020 / 谷晓勇，肖念主编. -- 北京 : 人民
邮电出版社，2024.7
高等院校数字艺术精品课程系列教材
ISBN 978-7-115-63786-4

Ⅰ. ①C… Ⅱ. ①谷… ②肖… Ⅲ. ①图形软件－高等
学校－教材 Ⅳ. ①TP391.41

中国国家版本馆CIP数据核字(2024)第039144号

内 容 提 要

本书全面、系统地介绍 CorelDRAW 2020 的基本操作方法和矢量图形的制作技巧，包括初识CorelDRAW、CorelDRAW 2020 基础知识、常用工具和泊坞窗、基础绘图、高级绘图、版式编排、特效应用及商业案例实训等内容。

本书以课堂案例为主线，学生通过实际操作可以快速掌握 CorelDRAW 2020 的操作方法。基础知识部分可以帮助学生深入学习软件功能和操作技巧；"课堂练习"和"课后习题"部分可以提高学生的实际应用能力。商业案例实训设有 5 个应用领域的商业设计项目，用于帮助学生拓宽设计思路，熟悉制作流程，顺利达到实战水平。

本书可作为高等职业院校数字媒体类专业 CorelDRAW 课程的教材，也可作为 CorelDRAW 初学者的参考书。

◆ 主　编　谷晓勇　肖　念
　　副主编　廖志恒　陈　芳
　　责任编辑　王亚娜
　　责任印制　王　郁　焦志炜
◆ 人民邮电出版社出版发行　　北京市丰台区成寿寺路 11 号
　　邮编　100164　电子邮件　315@ptpress.com.cn
　　网址　https://www.ptpress.com.cn
　　北京印匠彩色印刷有限公司印刷
◆ 开本：787×1092　1/16
　　印张：12.25　　　　　　　2024 年 7 月第 1 版
　　字数：323 千字　　　　　2024 年 7 月北京第 1 次印刷

定价：69.80 元

读者服务热线：(010)81055256　印装质量热线：(010)81055316
反盗版热线：(010)81055315
广告经营许可证：京东市监广登字 20170147 号

前 言

本书全面贯彻党的二十大精神，以社会主义核心价值观为引领，传承中华优秀传统文化，坚定文化自信。为使内容更好地体现时代性、把握规律性、富于创造性，本书进行了精心的设计。

如何使用本书

第1步，学习精选基础知识，快速上手CorelDRAW。

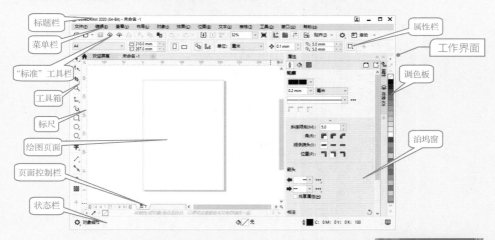

应用领域

第 2 步，课堂案例 + 软件功能解析，掌握软件操作技巧，熟悉设计思路。

4.1.1 课堂案例——绘制南天竹插画

【案例学习目标】学习使用基本绘图工具绘制南天竹插画。

【案例知识要点】使用"导入"命令导入素材图片，使用"多边形"工具、"旋转角度"选项、"透明度"工具、"常见的形状"工具、"椭圆形"工具绘制花盆，使用"2 点线"工具、"椭圆形"工具、"水平镜像"按钮、"复杂星形"按钮绘制南天竹，南天竹插画效果如图 4-1 所示。

【效果所在位置】云盘 \Ch04\ 效果 \ 绘制南天竹插画 .cdr。

图 4-1

（1）按 Ctrl+N 组合键，弹出"创建新文档"对话框，设置文档的"宽度"为 200 mm，"高度"为 200 mm，"方向"为横向，"原色模式"为"CMYK"，"分辨率"为 300 dpi，单击"OK"按钮，创建一个文档。

（2）按 Ctrl+I 组合键，弹出"导入"对话框，选择云盘中的"Ch04\ 素材 \ 绘制南天竹插画 \01"文件，单击"导入"按钮，在页面中单击导入图片。选择"选择"工具，拖曳图片到适当的位置，并调整其大小，效果如图 4-2 所示。

（3）选择"多边形"工具，属性栏中的设置如图 4-3 所示。按住 Ctrl 键的同时，在适当的位置绘制一个多边形，效果如图 4-4 所示。在属性栏中的"旋转角度"数值框中设置数值为 90，按 Enter 键，效果如图 4-5 所示。在 CMYK 调色板中的"青"色块上单击，填充图形，并去除图形的轮廓线，效果如图 4-6 所示。

图 4-2   图 4-3   图 4-4   图 4-5   图 4-6

第 3 步，课堂练习 + 课后习题，提高实际应用能力。

4.3 课堂练习——绘制花灯插画

【练习知识要点】使用"矩形"工具、"常见的形状"工具、"形状"工具、"转换为曲线"按钮、"椭圆形"工具、"垂直镜像"按钮绘制花灯插画，效果如图 4-215 所示。

【效果所在位置】云盘 \Ch04\ 效果 \ 绘制花灯插画 .cdr。

图 4-215

前 言

练习本章所学
知识

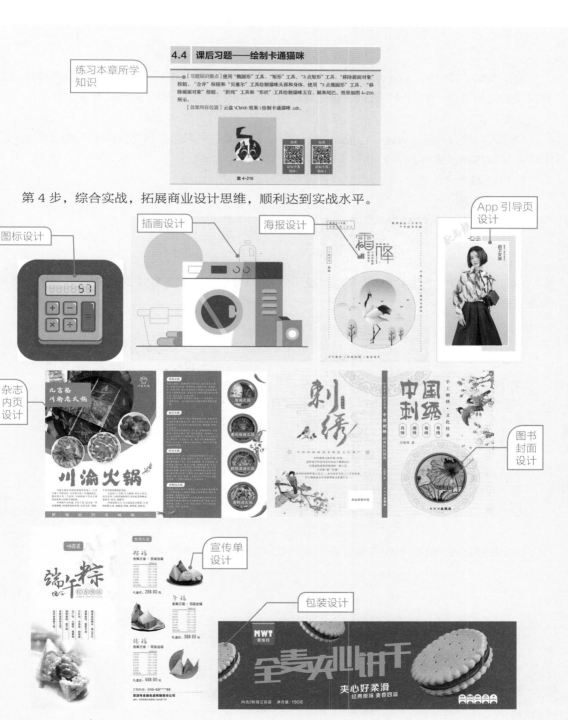

第 4 步，综合实战，拓展商业设计思维，顺利达到实战水平。

登录人邮学院网站（www.rymooc.com）或扫描封面上的二维码，使用手机号码完成注册，在首页右上角单击"学习卡"选项，输入封底刮刮卡中的激活码，即可在线观看本书慕课。

配套资源

登录人邮教育社区（www.ryjiaoyu.com），搜索本书书名可在教材页面中下载配套资源。

● 拓展案例及素材。
● PPT 课件。
● 教学大纲。
● 电子教案。
● 云盘素材。

教学指导

本书的参考学时为 64 学时，其中讲授环节为 40 学时，实训环节为 24 学时。各章的参考学时参见表 1。

表 1　学时分配参考

章	内容	学时分配 / 学时	
		讲授	实训
第 1 章	初识 CorelDRAW	2	—
第 2 章	CorelDRAW 2020 基础知识	2	—
第 3 章	常用工具和泊坞窗	6	4
第 4 章	基础绘图	6	4
第 5 章	高级绘图	6	4
第 6 章	版式编排	4	4
第 7 章	特效应用	8	4
第 8 章	商业案例实训	6	4
学时总计		40	24

由于编者水平有限，书中难免存在不足之处，敬请广大读者批评指正。

编者

2024 年 2 月

目录

—01—

第 1 章　初识 CorelDRAW

—02—

第 2 章　CorelDRAW 2020 基础知识

—03—

第 3 章　常用工具和泊坞窗

CorelDRAW

─04─

第 4 章　基础绘图

目录

─ 07 ─

第 7 章　特效应用

─ 08 ─

第 8 章　商业案例实训

目 录

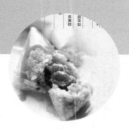

扩展知识扫码阅读

设计基础

- 认识形体
- 透视原理
- 认识设计
- 认识构成
- 形式美法则
- 点线面
- 基本型与骨骼
- 认识色彩
- 认识图案
- 图形创意
- 版式设计
- 字体设计

>>>

设计应用

- 创意绘画
- 图标设计
- 装饰设计
- VI设计
- UI设计
- UI动效设计
- 标志设计
- 包装设计
- 广告设计
- 文创设计
- 网页设计
- H5页面设计
- 电商设计
- MG动画设计
- 网店美工设计
- 新媒体美工设计

01

第1章

初识 CorelDRAW

▶ **本章介绍**

在学习 CorelDRAW 之前，要了解 CorelDRAW。本章将介绍 CorelDRAW 的发展和应用领域。只有认识了 CorelDRAW 的软件特点和功能特色，我们才能更有效率地学习和运用 CorelDRAW，从而为工作和学习带来便利。

学习目标

● 了解 CorelDRAW 发展过程。
● 掌握 CorelDRAW 的应用领域。

素质目标

● 培养学生对 CorelDRAW 设计的兴趣。
● 提高学生的信息获取能力。

第1章简介

1.1　CorelDRAW 的发展

1989 年春，CorelDRAW 1.0 面世，成为第一款适用于 Windows 系统的图形设计软件，同时引入了全彩的矢量插图和版面设计程序，在计算机图形设计领域掀起了一场风暴式革命浪潮。接着 CorelDRAW 的 1.11 版本和 2 版本分别于 1990 年和 1991 年发布。

1992 年，CorelDRAW 3 发布，推出了具有里程碑意义的首款一体化图形套件；随后，几乎每年发布一个版本，随着版本的不断升级和优化，CorelDRAW 的功能也越来越强大。2006 年，CorelDRAW Graphics Suite X3 发布，软件开始以 X 命名版本号，直至 X8 版本。CorelDRAW Graphics Suite 2017 在 2017 年发布，这次的版本采用年份命名。

2020 年，CorelDRAW Graphics Suite 2020 发布。随着软件包和版本功能的更新，设计师能更好地借助 CorelDRAW 将创意转化为精美的设计作品。

1.2　CorelDRAW 的应用领域

CorelDRAW 拥有强大的绘制、编辑图形图像的功能，被广泛应用于插画设计、字体设计、排版设计、包装设计、产品设计、服饰设计等领域。

1.2.1　插画设计

现代插画艺术发展迅速，已经被广泛应用于互联网、广告、包装、报刊和纺织品等领域。使用 CorelDRAW 绘制的插画简洁明快，独特新颖，已经成为最流行的插画表现形式之一，如图 1-1 所示。

图 1-1

1.2.2　字体设计

字体是随着人类文明的发展而逐步成熟的。设计师可以根据设计的创意需求，使用 CorelDRAW 设计制作出多样的字体；通过独特的字体设计将企业或品牌信息传达给受众，强化企业形象与品牌影响力，如图 1-2 所示。

图 1-2

1.2.3　广告设计

　　广告以多样的形式出现在大众生活中，通过手机、电视、报纸和户外灯箱等媒介来发布。使用 CorelDRAW 设计制作的广告具有强烈的视觉冲击力，能够更好地传播广告和推广内容，如图 1-3 所示。

图 1-3

1.2.4　VI 设计

　　视觉识别系统（Visual Identity，VI）是企业形象设计的整合。可以使用 CorelDRAW 根据 VI 设计的创意构思，完成整套的 VI 设计制作工作，将企业或组织机构的理念、文化、规范等抽象概念进行充分的表达，以标准化、系统化、统一化的方式塑造良好的集体形象，如图 1-4 所示。

图 1-4

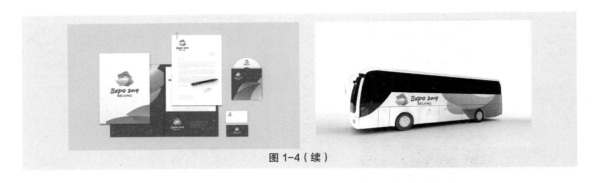

图 1-4（续）

1.2.5　包装设计

在书籍装帧设计和产品包装设计中，CorelDRAW 对图像元素的绘制和处理至关重要，可用于完成产品包装平面模切图的绘制，是设计产品包装的"利器"，如图 1-5 所示。

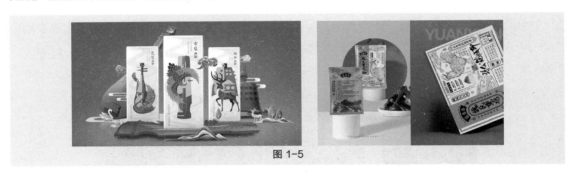

图 1-5

1.2.6　界面设计

随着互联网的普及，界面设计成为一个重要的设计领域，CorelDRAW 在此领域的应用就显得尤为重要。使用它可以美化网页元素、制作各种细腻的质感和特效，如图 1-6 所示。

图 1-6

1.2.7　排版设计

在排版设计中，使用 CorelDRAW 将图形和文字灵活地组织、编排和整合，从而形成独具特色的艺术形象和画面，可便于读者理解并提高其阅读兴趣，如图 1-7 所示。

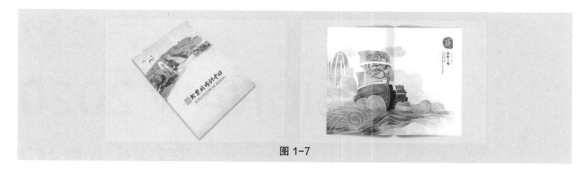

图 1-7

1.2.8 产品设计

产品设计效果图表现阶段，经常要用到 CorelDRAW。利用 CorelDRAW 的强大功能来充分表现出产品功能上的优越性和产品的细节，可以让产品赢得更多顾客，如图 1-8 所示。

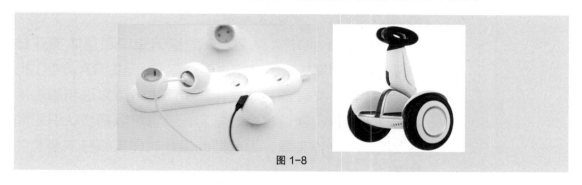

图 1-8

1.2.9 服装设计

随着科学与文明的进步，人类的艺术设计手段也在不断发展，服装艺术表现形式也越来越丰富多彩。利用 CorelDRAW 绘制的服装设计图，可以让受众领略并感受服装本身的无穷魅力，如图 1-9 所示。

图 1-9

02

第2章

CorelDRAW 2020
基础知识

▶ 本章介绍

　　了解 CorelDRAW 2020 的基础知识和基本操作是学习此软件的基础。本章将主要介绍 CorelDRAW 2020 的工作界面、文件的基本操作、页面的设置方法和图形图像的基础知识。通过本章的学习，读者可以初步认识和简单使用这一创作工具，为后期的设计制作工作打下坚实的基础。

学习目标

- 熟悉 CorelDRAW 2020 的工作界面。
- 了解位图图像与矢量图形、颜色模式、文件格式等基本概念。
- 了解标尺、辅助线、网格和度量工具的使用方法。

第 2 章简介

技能目标

- 熟练掌握文件的新建、打开、保存、关闭、导入和导出方法。
- 能够熟练设置页面的大小、布局、背景，并掌握插入、删除与重命名页面的方法。

素质目标

- 提高学生的计算机操作水平。
- 培养学生夯实基础的学习习惯。

2.1 CorelDRAW 2020 的工作界面

本节将介绍 CorelDRAW 2020 的工作界面，并简单介绍 CorelDRAW 2020 的菜单、工具栏、工具箱及泊坞窗的使用。

2.1.1 工作界面

CorelDRAW 2020 的工作界面主要由"标题栏""菜单栏""'标准'工具栏""属性栏""工具箱""标尺""调色板""页面控制栏""状态栏""泊坞窗""绘图页面"等部分组成，如图 2-1 所示。

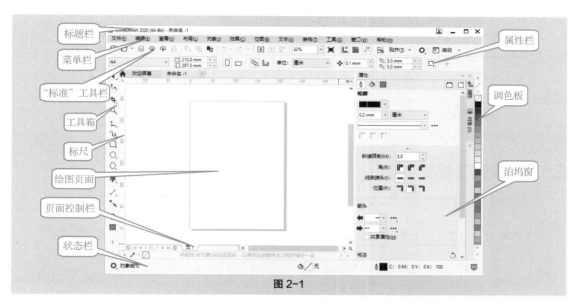

图 2-1

标题栏：用于显示软件版本和当前操作文件的名称，还可以用于调整 CorelDRAW 2020 窗口的大小。

菜单栏：集合了 CorelDRAW 2020 中的所有命令，并将它们分门别类地放置在不同的菜单中，供用户选择使用。执行 CorelDRAW 2020 菜单中的命令是最基本的操作方式。

"标准"工具栏：提供了最常用的操作按钮，便于用户轻松地完成最基本的操作任务。

工具箱：分类存放着 CorelDRAW 2020 中最常用的工具，这些工具可以帮助用户完成各种工作。使用工具箱，可以大大简化操作步骤，提高工作效率。

标尺：用于度量图形的尺寸并对图形进行定位，是进行平面设计工作不可缺少的辅助工具。

绘图页面：绘图窗口中的矩形区域，只有此区域内的图形才可被打印出来。

页面控制栏：用于创建新页面并显示 CorelDRAW 2020 中文档各页面的内容。

状态栏：可以为用户提供有关当前操作的各种提示信息。

属性栏：显示所绘制图形的信息，并提供一系列可对图形进行相关修改操作的工具。

调色板：可以直接对所选定的图形或图形边缘的轮廓线进行颜色填充。

泊坞窗：该面板提供了许多常用的功能，使用户在创作时更加得心应手。

2.1.2　使用菜单

CorelDRAW 2020 的菜单栏包含"文件""编辑""查看""布局""对象""效果""位图""文本""表格""工具""窗口""帮助"等菜单，如图 2-2 所示。

文件(F)　编辑(E)　查看(V)　布局(L)　对象(J)　效果(C)　位图(B)　文本(X)　表格(T)　工具(O)　窗口(W)　帮助(H)

图 2-2

单击菜单名称将弹出相应菜单，如单击"编辑"，将弹出图 2-3 所示的"编辑"菜单。

最左边为命令的图标，它和工具栏中具有相同功能按钮的图标一致，便于用户记忆和使用。

最右边显示的组合键为操作快捷键，便于用户提高工作效率。

某些命令后带有▶按钮，表明该命令还有子菜单，将鼠标指针悬停在其上即可弹出子菜单。

某些命令后带有 …，选择相应命令即可弹出相应对话框，允许用户对其进行进一步设置。

此外，"编辑"菜单中有些命令呈灰色，表明相应命令当前还不可使用，需进行一些相关的操作后才可使用。

图 2-3

2.1.3　使用工具栏

菜单栏的下方通常是工具栏，CorelDRAW 2020 的"标准"工具栏如图 2-4 所示。

图 2-4

这里存放了常用的按钮，如"新建"按钮、"打开"按钮、"保存"按钮、"从 Corel Cloud 打开"按钮、"保存至 Corel Cloud"按钮、"打印"按钮、"剪切"按钮、"复制"按钮、"粘贴"按钮、"撤销"按钮、"重做"按钮、"导入"按钮、"导出"按钮、"发布为 PDF"按钮、"缩放级别"按钮 57%、"全屏预览"按钮、"显示标尺"按钮、"显示网格"按钮、"显示辅助线"按钮、"贴齐关闭"按钮、"贴齐"按钮 贴齐(I)、"选项"按钮、"应用程序启动器"按钮 启动。使用这些按钮，用户可以便捷地完成一些基本的操作。

此外，CorelDRAW 2020 还提供了其他一些工具栏，用户可以在"窗口 > 工具栏"子菜单中选择它们。选择"窗口 > 工具栏 > 文本"命令，可显示"文本"工具栏，如图 2-5 所示。

图 2-5

选择"窗口 > 工具栏 > 变换"命令，可显示"变换"工具栏，如图 2-6 所示。

图 2-6

2.1.4 使用工具箱

CorelDRAW 2020 的工具箱中放置着绘制图形时最常用到的一些工具，这些工具是每一个软件使用者都必须掌握的基本操作工具。CorelDRAW 2020 的工具箱如图 2-7 所示。

在工具箱中，依次排列着"选择"工具 ▶、"形状"工具 ↰、"裁剪"工具 ⊬、"缩放"工具 Ｑ、"手绘"工具 ⌁、"艺术笔"工具 ⌓、"矩形"工具 ▢、"椭圆形"工具 ◯、"多边形"工具 ◯、"文本"工具 字、"平行度量"工具 ⟋、"连接器"工具 ⟍、"阴影"工具 ▢、"透明度"工具 ▨、"颜色滴管"工具 ⟋、"交互式填充"工具 ◈ 和"钢笔"工具等工具。

其中，有些工具按钮带有小三角形标记 ◢，表明其还有展开工具栏，单击该标记即可展开相应工具栏。例如，单击"平行度量"工具 ⟋ 的小三角形标记，将展开其工具栏，如图 2-8 所示。

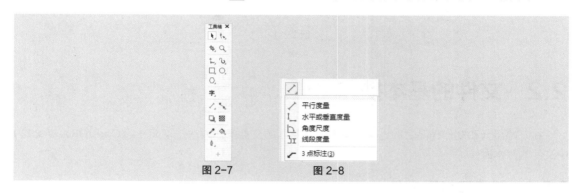

图 2-7　　　　　　　　图 2-8

2.1.5 使用泊坞窗

CorelDRAW 2020 的泊坞窗是一种十分有特色的面板。当打开这种面板时，它会停靠在绘图窗口的边缘，因此被称为"泊坞窗"。选择"窗口 > 泊坞窗 > 属性"命令，或按 Alt+Enter 组合键，即可弹出"属性"泊坞窗，如图 2-9 所示。

用户还可将泊坞窗拖曳出来，放在任意的位置，并可通过单击其右上角的 ▸▸ 或 ⟍ 按钮将泊坞窗收缩或展开，如图 2-10 所示。因此，泊坞窗又被称为"卷帘工具"。

图 2-9　　　　　　　　图 2-10

CorelDRAW 2020 泊坞窗的列表位于"窗口 > 泊坞窗"子菜单中。可以选择"泊坞窗"下的各个命令来打开相应的泊坞窗。用户可以打开一个或多个泊坞窗，当打开多个泊坞窗时，除了活动的泊坞窗之外，其余的泊坞窗将沿着活动的泊坞窗的边沿以标签形式显示，效果如图 2-11 所示。

图 2-11

2.2 文件的基本操作

在开始设计和制作作品之前，必须掌握一些基本的文件操作方法。下面介绍 CorelDRAW 2020 中文件的基本操作。

2.2.1 新建和打开文件

1. 使用软件"欢迎屏幕"新建和打开文件

启动软件时的"欢迎屏幕"如图 2-12 所示。单击"新文档"按钮，可以建立一个新的文档；单击"从模板新建 ..."按钮，可以使用默认的模板创建文件；单击"打开文件 ..."按钮，弹出图 2-13 所示的"打开绘图"对话框，可以从中选择要打开的图形文件；单击最近使用过的文档预览图，可以打开最近编辑过的图形文件，文档预览图下方显示了文件名称、文件创建时间和位置、文件大小等信息。

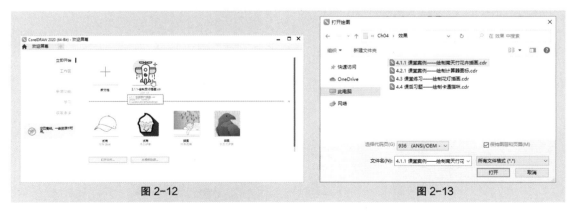

图 2-12   图 2-13

2. 使用命令和快捷键新建和打开文件

选择"文件 > 新建"命令，或按 Ctrl+N 组合键，或选择"文件 > 从模板新建"命令，可新建文件。选择"文件 > 打开"命令，或按 Ctrl+O 组合键，可打开文件。

3. 使用"标准"工具栏新建和打开文件

使用"标准"工具栏中的"新建"按钮或"打开"按钮也可以新建或打开文件。

2.2.2　保存和关闭文件

1. 使用命令和快捷键保存文件

选择"文件 > 保存"命令，或按 Ctrl+S 组合键，可保存文件。选择"文件 > 另存为"命令，或按 Ctrl+Shift+S 组合键，可更名并保存文件。

如果是第一次保存文件，在执行上述操作后，会弹出图 2-14 所示的"保存绘图"对话框。在该对话框中，可以设置"文件名""保存类型""版本"等保存选项。

2. 使用"标准"工具栏保存文件

使用"标准"工具栏中的"保存"按钮 ![保存] 可保存文件。

3. 使用命令和快捷键按钮关闭文件

选择"文件 > 关闭"命令，或按 Alt+F4 组合键，或单击绘图窗口右上角的"关闭"按钮 ![关闭]，可关闭文件。

此时，如果文件未保存，将弹出图 2-15 所示的提示对话框，询问用户是否保存文件。若单击"是"按钮，则保存文件；若单击"否"按钮，则不保存文件；若单击"取消"按钮，则取消保存操作。

图 2-14　　　　　　　　　　　　　　　图 2-15

2.2.3　导入和导出文件

1. 使用命令和快捷键导入和导出文件

选择"文件 > 导入"命令，或按 Ctrl+I 组合键，弹出图 2-16 所示的"导入"对话框。在该对话框中选择要导入的文件，单击"导入"按钮，可导入文件。

选择"文件 > 导出"命令，或按 Ctrl+E 组合键，弹出图 2-17 所示的"导出"对话框。在该对话框中设置文件路径、文件名和保存类型等，单击"导出"按钮，可导出文件。

图 2-16　　　　　　　　　　　　　　　图 2-17

2. 使用"标准"工具栏导入和导出文件

使用"标准"工具栏中的"导入"按钮■或"导出"按钮■也可以将文件导入或导出。

2.3 设置页面

在 CorelDRAW 2020 中，利用"选择"工具属性栏可以轻松地进行页面的设置。选择"工具 > 选项"命令，或单击"标准"工具栏中的"选项"按钮■，或按 Ctrl+J 组合键，打开"选项"对话框。在该对话框中单击"自定义"按钮■，选中"命令栏"选项，勾选"属性栏"复选框，如图 2-18 所示。单击"OK"按钮，则可显示图 2-19 所示的"选择"工具属性栏。在"选择"工具属性栏中，可以设置纸张的型号、纸张的高度和宽度、纸张的放置方向等。

图 2-18

图 2-19

2.3.1 设置页面大小

利用"布局"菜单中的"页面大小"命令，可以对页面大小进行更详细的设置。选择"布局 > 页面大小"命令，弹出"选项"对话框，如图 2-20 所示。选择"页面尺寸"选项后，可以对页面大小和方向进行设置，还可设置页面出血、渲染分辨率等。

选择"标记预设"单选按钮，"选项"对话框如图 2-21 所示，这里汇集了多种标签格式供用户选择。

图 2-20

图 2-21

2.3.2 设置页面布局

选择"Layout"选项，"选项"对话框如图 2-22 所示，可从中选择页面的布局。

图 2-22

2.3.3 设置页面背景

选择"背景"选项，"选项"对话框如图 2-23 所示，可以从中选择纯色或位图图像作为绘图页面的背景。

图 2-23

2.3.4 插入、删除与重命名页面

1. 插入页面

选择"布局 > 插入页面"命令，弹出"插入页面"对话框，如图 2-24 所示。在该对话框中，可以设置插入的页面数目、位置、大小和方向等。

在状态栏的页面标签上单击鼠标右键，弹出图 2-25 所示的快捷菜单，在菜单中选择插入页面的命令，即可插入新页面。

2. 删除页面

选择"布局 > 删除页面"命令，弹出"删除页面"对话框，如图 2-26 所示。在该对话框中，可以设置要删除的页面序号，另外，还可以同时删除多个连续的页面。

3．重命名页面

选择"布局 > 重命名页面"命令，弹出"重命名页面"对话框，如图 2-27 所示。在该对话框中的"页名"文本框中输入名称，单击"OK"按钮，即可重命名页面。

图 2-24　　　　图 2-25　　　　图 2-26　　　　图 2-27

2.4　图形和图像的基础知识

如果想要应用好 CorelDRAW 2020，就需要对图像的种类、颜色模式及文件格式有所了解。下面将进行详细的介绍。

2.4.1　位图图像与矢量图形

在计算机中，图像可以分为两大类：位图图像和矢量图形。在绘图或处理图像的过程中，这两种类型的图像可以相互交叉使用。位图图像效果如图 2-28 所示，矢量图形效果如图 2-29 所示。

位图图像也叫点阵图像，是由许多单独的小方块组成的，这些小方块称为像素。每个像素都有特定的位置和颜色，位图图像的显示效果与像素是紧密联系

图 2-28　　　　图 2-29

在一起的，不同颜色的像素排列在一起构成了一幅色彩丰富的位图图像。像素越多，位图图像的分辨率就越高，图像文件的数据量也会越大。因此，处理位图图像时，CorelDRAW 对计算机硬盘和内存的要求也较高。同时由于位图图像本身的特点，其在缩放和旋转变形时会产生失真的现象。

矢量图形也叫向量图形，是一种基于图形的几何特性来描述的图形。矢量图形中的各种图形元素称为对象，每一个对象都是独立的个体，都具有大小、颜色、形状和轮廓等属性。矢量图形在缩放时不会产生失真的现象，并且它的文件占用的内存空间较小。矢量图形的缺点是色彩不够丰富，无法像位图图像那样精确地表现各种绚丽的色彩。

位图图像和矢量图形各具特色，也各有优缺点，并且两者之间具有良好的互补性。因此，在处理图像和绘制图形的过程中，将位图图像和矢量图形交互使用，取长补短，一定能使创作出来的作品更加完美。

2.4.2　颜色模式

CorelDRAW 2020 提供了多种颜色模式。这些颜色模式提供了把色彩协调一致地用数值表示的方法，这些颜色模式是使设计制作的作品能够在屏幕和印刷品上成功表现的重要保障。常用的颜色

模式有 RGB 模式、CMYK 模式、Lab 模式、HSB 模式以及灰度模式等。每种颜色模式都有不同的色域，用户可以根据需要选择合适的颜色模式，并且各个颜色模式之间可以互相转换。

1. RGB 模式

RGB 模式是工作中使用最广泛的一种颜色模式。RGB 模式是一种加色模式，它通过将红光、绿光、蓝光 3 种色光相叠加而形成更多的颜色。同时 RGB 模式也是色光的彩色模式，一幅 24 位的 RGB 图像有 3 个色彩信息的通道：红色（R）、绿色（G）和蓝色（B）。

每个通道都有 8 位的色彩信息—— 一个 0 ~ 255 的亮度值色域。R、G、B 3 种色彩的数值越大，颜色就越浅，如 3 种色彩的数值都为 255 时，颜色被调整为白色；R、G、B 3 种色彩的数值越小，颜色就越深，如 3 种色彩的数值都为 0 时，颜色被调整为黑色。

3 种色彩中每一种色彩都有 256 个亮度水平级。3 种色彩相叠加，可以有 256×256×256=16777216 种可能的颜色。这 1677 万多种颜色足以表现出这个绚丽多彩的世界。用户使用的显示器就是 RGB 模式的。

选择 RGB 模式的操作步骤为：按 Shift+F11 组合键，弹出"编辑填充"对话框，在该对话框中单击"均匀填充"按钮，选择"RGB"颜色模式，设置 RGB 颜色值，如图 2-30 所示。

在编辑图像时，RGB 颜色模式是最佳的选择。因为它可以提供全屏幕的多达 24 位的色彩范围，一些计算机领域的色彩专家称之为"True Color"，即真彩色。

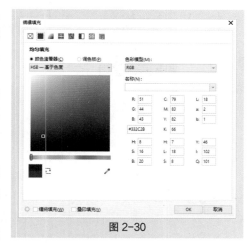

图 2-30

2. CMYK 模式

CMYK 模式在印刷时应用了色彩学中的减法混合原理，它通过反射某些颜色的光并吸收另外一些颜色的光来产生不同的颜色，是一种减色颜色模式。C、M、Y、K 分别代表了印刷用的 4 种油墨色：C 代表青色，M 代表洋红色，Y 代表黄色，K 代表黑色。CorelDRAW 2020 默认状态下使用的就是 CMYK 模式。

CMYK 模式是图片和其他作品最常用的一种印刷方式。这是因为在印刷中通常都要先进行四色分色，出四色胶片，然后再进行印刷。

选择 CMYK 模式的操作步骤为：按 Shift+F11 组合键，弹出"编辑填充"对话框，单击"均匀填充"按钮，选择"CMYK"颜色模式，设置 CMYK 颜色值，如图 2-31 所示。

3. HSB 模式

HSB 模式是一种更直观的颜色模式，它的调色方法更符合人的视觉原理，在调色过程中更容易找到需要的颜色。

H 代表色相，S 代表饱和度，B 代表亮度。色相的意思是纯色，即组成可见光谱的单色，如红色为 0°，绿色为 120°，蓝色为 240°。饱和度代表色彩的纯度，饱和度为 0 时即为灰色，黑色、白色两种色彩没有饱和度。亮度是色彩的明亮程度，亮度最大时色彩最鲜明，黑色的亮度为 0。

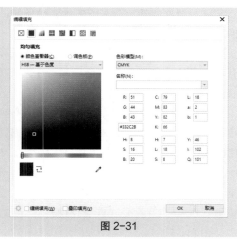

图 2-31

选择 HSB 模式的操作步骤为：按 Shift+F11 组合键，弹出"编辑填充"对话框，单击"均匀填充"按钮■，选择"HSB"颜色模式，设置 HSB 颜色值，如图 2-32 所示。

4．Lab 模式

Lab 模式是一种国际色彩标准模式，它由 3 个通道组成：一个通道是亮度，即 L；另外两个是色彩通道，用 a 和 b 表示。a 通道包括的颜色有从深绿色到灰色，再到亮粉红色；b 通道包括的颜色有从亮蓝色到灰色，再到焦黄色。这些色彩混合后将产生明亮的色彩。

选择 Lab 模式的操作步骤为：按 Shift+F11 组合键，弹出"编辑填充"对话框，单击"均匀填充"按钮■，选择"Lab"颜色模式，设置 Lab 颜色值，如图 2-33 所示。

图 2-32　　　　　　　　　　图 2-33

Lab 模式在理论上包括人眼可见的所有色彩，它弥补了 CMYK 模式和 RGB 模式的不足。在这种模式下，图像的处理速度比在 CMYK 模式下快数倍，与 RGB 模式的速度相仿，而且在把 Lab 模式转换为 CMYK 模式的过程中，所有的色彩都不会丢失或被替换。事实上，在将 RGB 模式转换为 CMYK 模式时，Lab 模式一直扮演着中介者的角色，也就是说，RGB 模式先转换为 Lab 模式，然后再转换为 CMYK 模式。

5．灰度模式

灰度模式形成的灰度图又叫 8 位深度图。每个像素用 8 个二进制位表示，能产生 2^8（即 256）级灰色调。当彩色模式文件被转换为灰度模式文件时，所有的颜色信息都将从文件中丢失。尽管 CorelDRAW 2020 允许将灰度模式文件转换为彩色模式文件，但不可能将原来的颜色完全还原。所以，要转换为灰度模式前，请先做好图像的备份。

像黑白照片一样，灰度模式的图像只有明暗值，没有色相和饱和度这两种颜色信息。0 代表黑色，255 代表白色。

将彩色模式转换为双色调模式时，必须先转换为灰度模式，然后由灰度模式转换为双色调模式。在制作黑白印刷品时经常会使用灰度模式。

选择灰度模式的操作步骤为：按 Shift+F11 组合键，弹出"编辑填充"对话框，单击"均匀填充"按钮■，选择"Grayscale"颜色模式，设置灰度值，如图 2-34 所示。

图 2-34

2.4.3 文件格式

CorelDRAW 2020 中有 20 多种文件格式。这些文件格式中，既有 CorelDRAW 2020 的专用文件格式，也有用于与其他软件交换的文件格式，还有一些比较特殊的文件格式。

1. CDR 格式

CDR 格式是 CorelDRAW 的专用图形文件格式。由于 CorelDRAW 是矢量图形绘制软件，所以 CDR 格式可以记录文件的属性、位置和分页等。但 CDR 格式的兼容性比较差，虽然它在所有版本的 CorelDRAW 软件中均能够使用，但其他图像编辑软件打不开此类文件。

2. AI 格式

AI 格式是一种矢量图形文件格式，是 Illustrator 软件的专用格式。它的兼容性比较好，既可以在 CorelDRAW 中打开 AI 格式的文件，也可以将 CDR 格式的文件导出为 AI 格式的文件。

3. TIF（TIFF）格式

TIF 格式即标签图像格式。TIF 格式对于色彩通道图像来说是最有用的格式，具有很强的可移植性。用 TIF 格式存储时应考虑到文件的大小，因为 TIF 格式的结构比其他格式大，也更复杂。TIF 格式支持 24 个通道，能存储多于 4 个通道的文件。TIF 格式文件非常适合用于印刷和输出。

4. PSD 格式

PSD 格式是 Photoshop 软件的专用文件格式。PSD 格式能够保存图像数据的细小部分，如图层等 Photoshop 对图像进行特殊处理的信息。在没有最终决定图像存储的格式前，最好先以 PSD 格式存储。另外，Photoshop 打开和存储 PSD 格式的文件较其他格式更快。但是 PSD 格式也有缺点，就是存储的图像文件特别大，占用磁盘空间较多。由于 PSD 格式在一些图像处理软件中没有得到很好的支持，所以其通用性不强。

5. JPEG 格式

JPEG（Joint Photographic Experts Group）译为"联合图像专家组"。JPEG 格式既是 Photoshop 支持的一种文件格式，也是一种压缩方案。它是 Macintosh 上常用的一种存储类型。JPEG 格式是压缩格式中的"佼佼者"，但它使用的有损压缩会使部分数据丢失。用户可以在存储前选择图像的最后质量，这能控制数据的丢失程度。

6. PNG 格式

PNG 格式是用于无损压缩和在 Web 上显示图像的文件格式，是 GIF 格式的无专利替代品。它支持 24 位图像且能产生无锯齿状边缘的透明背景，还支持无 Alpha 通道的 RGB、索引颜色、灰度和位图模式的图像。某些 Web 浏览器不支持 PNG 格式图像。

2.5 标尺、辅助线、网格和度量工具的使用

2.5.1 标尺

标尺可以帮助用户了解图形对象的当前位置，以便在设计时确定作品的精确尺寸。下面介绍标尺的设置和使用方法。

选择"查看 > 标尺"命令，可以显示或隐藏标尺。显示标尺的效果如图 2-35 所示。

将鼠标指针放在标尺左上角的▧按钮上，按住鼠标左键不放并拖曳鼠标，出现十字虚线样式的

标尺定位线，如图 2-36 所示。在合适的位置松开鼠标左键，可以设定新的标尺坐标原点。双击 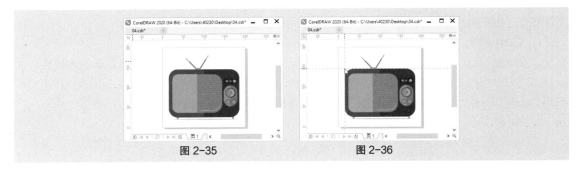 按钮，可以将标尺坐标原点还原到原始的位置。

图 2-35　　　　　　　　　　　　图 2-36

2.5.2　辅助线

将鼠标指针移动到水平或垂直标尺上，按住鼠标左键不放，并向下或向右拖曳鼠标，可以绘制一条辅助线，在适当的位置松开鼠标左键，辅助线效果如图 2-37 所示。

要想移动辅助线，必须先选中辅助线。将鼠标指针放在辅助线上并单击，辅助线被选中并呈红色，拖曳辅助线到适当的位置即可，如图 2-38 所示。在拖曳的过程中单击鼠标右键可以在当前位置复制出一条辅助线。选中辅助线后，按 Delete 键，可以将辅助线删除。

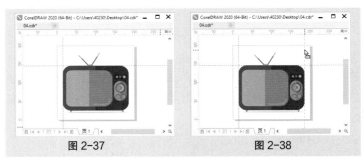

图 2-37　　　　　　　　　图 2-38

辅助线被选中变成红色后，再次单击辅助线，将进入辅助线的旋转模式，如图 2-39 所示。可以通过拖曳两端的旋转控制点来旋转辅助线，如图 2-40 所示。

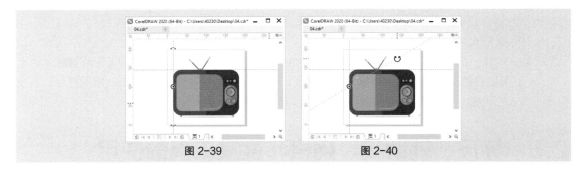

图 2-39　　　　　　　　　　　　图 2-40

> **提示**　选择"窗口 > 泊坞窗 > 辅助线"命令，或使用鼠标右键单击标尺，弹出快捷菜单，选择"准线设置"命令，弹出"辅助线"泊坞窗，在其中可设置辅助线。

在辅助线上单击鼠标右键，在弹出的快捷菜单中选择"锁定"命令，可以将辅助线锁定；用相同的方法在弹出的快捷菜单中选择"解锁"命令，可以将辅助线解锁。

2.5.3　网格

选择"查看 > 网格 > 文档网格"命令，可在页面中生成网格，效果如图 2-41 所示。如果想消除网格，只要再次选择"查看 > 网格 > 文档网格"命令即可。

在绘图页面中单击鼠标右键，弹出快捷菜单，选择"查看 > 文档网格"命令，如图 2-42 所示，也可以在页面中生成网格。

在绘图页面的标尺上单击鼠标右键，弹出快捷菜单，选择"网格设置"命令，如图 2-43 所示；弹出"选项"对话框，如图 2-44 所示。

图 2-41　　　　　　　图 2-42

在"文档网格"选项组中可以设置网格的密度和网格点的间距。在"基线网格"选项组中可以设置从顶部开始的距离和基线间的距离。若要查看"像素网格"设置的效果，必须切换到"像素"视图。

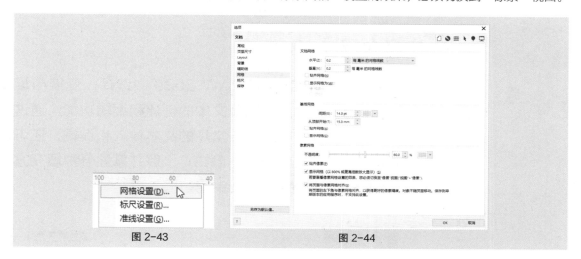

图 2-43　　　　　　　　　　图 2-44

2.5.4　度量工具

使用度量工具可以给图形对象绘制标注线。工具箱中共有 5 种度量工具，从上到下依次是"平行度量"工具、"水平或垂直度量"工具、"角度尺度"工具、"线段度量"工具和"3点标注"工具。选择"平行度量"工具，弹出其属性栏，如图 2-45 所示。

图 2-45

打开一个图形对象，如图 2-46 所示。选择"平行度量"工具，将鼠标指针移动到图形对象的左侧顶部并单击，向下移动鼠标指针直到图形对象的左侧底部，再次单击，将鼠标指针移动到线段的中间，如图 2-47 所示。单击完成标注，效果如图 2-48 所示。可以使用相同的方法，用其他标注工具为图形对象进行标注，标注完成后的图形效果如图 2-49 所示。

图 2-46　　　　　图 2-47　　　　　图 2-48　　　　　图 2-49

第 3 章

03

常用工具和泊坞窗

▶ **本章介绍**

　　本章将讲解 CorelDRAW 2020 中选择、变换与填充工具组的使用方法，以及文本的创建和编辑功能。通过本章的学习，读者可以进行常规的文本输入和编辑，还可以制作出不同效果的图形轮廓线，了解并掌握各种填充方式，以及图形对象的选择和编辑技巧。

学习目标

- 掌握选择工具组的使用方法。
- 掌握不同类型文字的输入和编辑技巧。
- 熟练掌握各种填充方式和技巧。
- 熟练掌握利用变换工具编辑对象的技巧。

第 3 章简介

技能目标

- 掌握扁平风格书包图标的组合方法。
- 掌握家电海报的制作方法。
- 掌握水果图标的绘制方法。
- 掌握风景插画的绘制方法。

素质目标

- 加强学生的文字基本功。
- 培养学生勇于实践、积极探索的学习精神。

3.1 选择工具组

在 CorelDRAW 2020 中，新建一个图形对象时，一般图形对象处于选取状态，对象的周围出现圈选框，圈选框是由 8 个控制手柄组成的。对象的中心有一个"×"形的中心标记。对象的选取状态如图 3-1 所示。

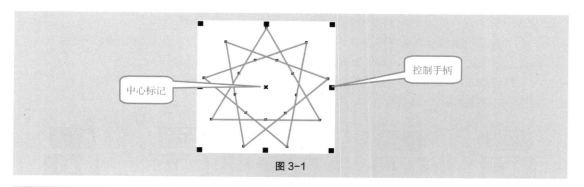

图 3-1

提示 在 CorelDRAW 2020 中，如果要编辑一个对象，首先要选取这个对象。当选取多个图形对象时，多个图形对象共有一个圈选框。要取消选取对象，在绘图页面中的其他位置单击或按 Esc 键即可。

3.1.1 课堂案例——组合扁平风格书包图标

【案例学习目标】学习使用选择工具组中的选取并编辑图形对象。

【案例知识要点】使用"形状"工具调整矩形边角的圆滑程度，使用"选择"工具调整图形对象的位置，扁平风格书包图标效果如图 3-2 所示。

【效果所在位置】云盘 \Ch03\ 效果 \ 组合扁平风格书包图标 .cdr。

图 3-2

（1）按 Ctrl+O 组合键，打开云盘中的"Ch03\ 素材 \ 组合扁平风格书包图标 \01"文件，如图 3-3 所示。选择"形状"工具 ↖，选中矩形边角的节点，如图 3-4 所示。按住鼠标左键向内拖曳矩形边角的节点，改变边角的圆滑程度，如图 3-5 所示。松开鼠标左键后，圆角矩形效果如图 3-6 所示。

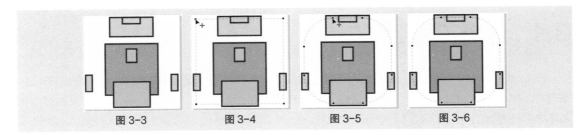

图 3-3 　　　　图 3-4 　　　　图 3-5 　　　　图 3-6

（2）用相同的方法分别调整其他矩形边角的圆滑程度，效果如图 3-7 所示。选择"选择"工具 ，在下方蓝色矩形上单击将其选中，如图 3-8 所示。将鼠标指针移到蓝色矩形的中心控制点上，鼠标指针变为十字箭头形状 ，如图 3-9 所示。

（3）按住 Shift 键的同时，竖直向上拖曳选中的蓝色矩形到适当的位置，如图 3-10 所示。松开鼠标左键后，效果如图 3-11 所示。

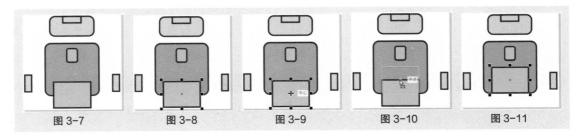

图 3-7 　　　　图 3-8 　　　　图 3-9 　　　　图 3-10 　　　　图 3-11

（4）选择"形状"工具 ，按住 Shift 键的同时，选中矩形上边两个角的节点，如图 3-12 所示。按住鼠标左键向内拖曳矩形边角的节点，改变边角的圆滑程度，如图 3-13 所示。松开鼠标左键后，圆角矩形效果如图 3-14 所示。

（5）用相同的方法分别调整其他矩形的位置和圆角半径，效果如图 3-15 所示。按 Esc 键，取消选取该图形，扁平风格书包图标组合完成。

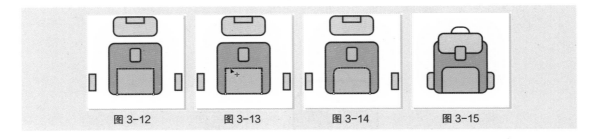

图 3-12 　　　　图 3-13 　　　　图 3-14 　　　　图 3-15

3.1.2 　"选择"工具

使用"选择"工具时，可以通过点选、圈选、菜单命令和快捷键来选取对象。

1．用点选的方法选取对象

选择"选择"工具 ，在要选取的图形对象上单击，即可选取该对象。

要选取多个图形对象，按住 Shift 键，依次单击要选取的对象即可，效果如图 3-16 所示。

2．用圈选的方法选取对象

选择"选择"工具 ，在绘图页面中要选取的图形对象外围按住鼠标左

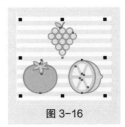

图 3-16

键并拖曳，会出现一个蓝色的虚线圈选框，如图 3-17 所示。在圈选框完全圈选住要选的对象后松开鼠标左键，被圈选的对象即处于选取状态，如图 3-18 所示。用圈选的方法可以同时选取多个对象。

如果在圈选的同时按住 Alt 键，蓝色的虚线圈选框接触到的对象都将被选取，如图 3-19 所示。

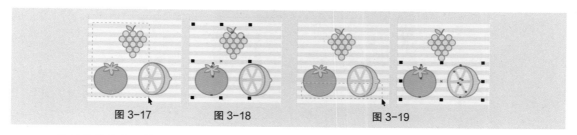

图 3-17　　　　　图 3-18　　　　　图 3-19

3. 使用菜单命令和快捷键选取对象

选择"编辑 > 全选"子菜单中的各个命令可以选取对象；按 Ctrl+A 组合键，可以选取绘图页面中的全部对象。

> **技巧**　当绘图页面中有多个对象时，按空格键，快速选择"选择"工具，连续按 Tab 键，可以依次选择下一个对象；按住 Shift 键，再连续按 Tab 键，可以依次选择上一个对象；按住 Ctrl 键，单击可以选取群组中的单个对象。

3.1.3　"形状"工具

使用"形状"工具可以选择曲线上独立的节点或线段，并显示出曲线上的所有控制线，以便调整。

选择"形状"工具，单击对象可以选取整个对象，如图 3-20 所示。在对象的某个节点上单击，该节点将被选中，出现控制线，如图 3-21 所示。在该节点上按住鼠标左键不放，向左侧拖曳，将改变对象的形状，如图 3-22 所示。

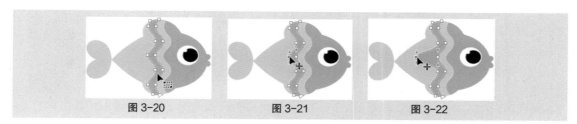

图 3-20　　　　　　　　图 3-21　　　　　　　　图 3-22

3.2　文本工具组

在 CorelDRAW 2020 中，文本是具有特殊属性的图形对象。下面介绍在 CorelDRAW 2020 中处理文本的一些基本操作。

3.2.1　课堂案例——制作家电海报

【案例学习目标】学习使用"文本"工具、"文本"泊坞窗制作家电海报。

【案例知识要点】使用"文本"工具、"文本"泊坞窗添加并填充文字，使用"文本"泊坞窗中的"位置"按钮设置上标效果，家电海报效果如图 3-23 所示。

【效果所在位置】云盘 \Ch03\ 效果 \ 制作家电海报 .cdr。

图 3-23

（1）按 Ctrl+N 组合键，弹出"创建新文档"对话框，设置文档的"宽度"为 1920 px，"高度"为 800 px，"方向"为横向，"原色模式"为"RGB"，"分辨率"为 72 dpi，单击"OK"按钮，创建一个文档。

（2）按 Ctrl+I 组合键，弹出"导入"对话框，选择云盘中的"Ch03\ 素材 \ 制作家电海报 \01"文件，单击"导入"按钮，在页面中单击导入图片，如图 3-24 所示。按 P 键，图片将在页面中居中对齐，效果如图 3-25 所示。

图 3-24　　　　　　　　　　　图 3-25

（3）选择"文本"工具**字**，在页面中输入需要的文字。选择"选择"工具，在属性栏中选取适当的字体并设置文字大小，填充文字为白色，效果如图 3-26 所示。

（4）选择"文本 > 文本"命令，在弹出的"文本"泊坞窗中进行设置，如图 3-27 所示。按 Enter 键，效果如图 3-28 所示。

图 3-26

（5）选择"文本"工具**字**，选取文字"智慧生活"，设置文字颜色的 RGB 值为（69、67、0），填充文字，效果如图 3-29 所示。

图 3-27　　　　　　　图 3-28　　　　　　　图 3-29

（6）选择"阴影"工具，在文字中从中间向右上方拖曳鼠标，为文字添加阴影效果，在属性栏中设置阴影颜色的 RGB 值为（69、74、45），其他选项的设置如图 3-30 所示。按 Enter 键，效果如图 3-31 所示。

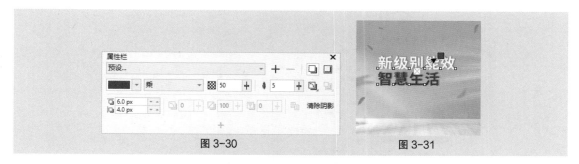

图 3-30   图 3-31

（7）选择"文本"工具 字，在适当的位置输入需要的文字。选择"选择"工具 ，在属性栏中选取适当的字体并设置文字大小，设置文字颜色的 RGB 值为（69、67、0），填充文字，效果如图 3-32 所示。在"文本"泊坞窗中，各选项的设置如图 3-33 所示。按 Enter 键，效果如图 3-34 所示。

图 3-32   图 3-33   图 3-34

（8）选择"文本"工具 字，选取文字"56℃"，在属性栏中设置文字大小，效果如图 3-35 所示。设置文字颜色的 RGB 值为（255、153、51），填充文字，效果如图 3-36 所示。

（9）用相同的方法调整"120°"的大小和颜色，效果如图 3-37 所示。选择"矩形"工具 ，在适当的位置绘制一个矩形，如图 3-38 所示。

图 3-35   图 3-36   图 3-37   图 3-38

（10）保持矩形的选取状态。在属性栏中将"圆角半径"选项均设为 27 px，如图 3-39 所示。按 Enter 键，效果如图 3-40 所示。

图 3-39   图 3-40

（11）按 F11 键，弹出"编辑填充"对话框，单击"渐变填充"按钮 ，将预览色带起点颜色的 RGB 值设为（130、137、48），终点颜色的 RGB 值设为（164、166、91），其他选项的设置如图 3-41 所示。单击"OK"按钮，填充图形，并去除图形的轮廓线，效果如图 3-42 所示。

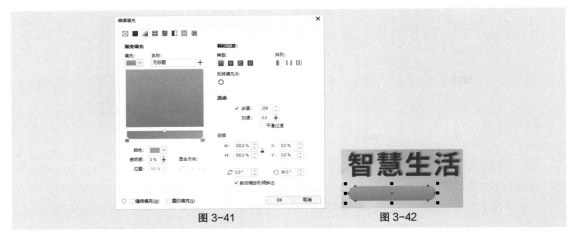

图 3-41　　　　　　　　　　　　　　　图 3-42

（12）选择"文本"工具 **字**，在适当的位置分别输入需要的文字。选择"选择"工具，选中文字在属性栏中分别选取适当的字体并设置文字大小，填充文字为白色，效果如图 3-43 所示。选取文字"建议……40m2"，设置文字颜色的 RGB 值为（69、67、0），填充文字，效果如图 3-44 所示。

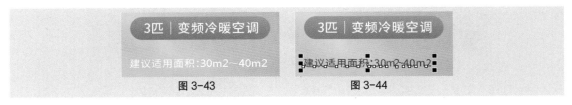

图 3-43　　　　　　　　　　　　　　　图 3-44

（13）选择"文本"工具 **字**，选取数字"2"，如图 3-45 所示。在"文本"泊坞窗中，单击"位置"按钮 X^2，在弹出的下拉菜单中选择"上标（自动）"命令，如图 3-46 所示。用相同的方法处理另一个数字"2"，文字效果如图 3-47 所示。

图 3-45　　　　　　　　　　图 3-46　　　　　　　　　　图 3-47

（14）选择"文本"工具 **字**，选取文字"$30m^2 \sim 40m^2$"，如图 3-48 所示。在属性栏中选取适当的字体并设置文字大小，效果如图 3-49 所示。设置文字颜色的 RGB 值为（255、153、51），填充文字，效果如图 3-50 所示。家电海报制作完成，效果如图 3-51 所示。

图 3-48　　　　　　　　　　　　　　　图 3-49

图 3-50   图 3-51

3.2.2 "文本"工具

"文本"工具用于输入美术字文本和段落文本。

1. 创建文本

CorelDRAW 2020 中的文本具有两种类型，分别是美术字文本和段落文本。它们在使用方法、应用编辑格式、应用特殊效果等方面有很大的区别。

◎ **输入美术字文本**

选择"文本"工具**字**，在绘图页面中单击，出现"I"形插入文本光标。在"文本"工具属性栏中选择字体，设置字号和字符属性，如图 3-52 所示。设置好后，直接输入美术字文本，效果如图 3-53 所示。

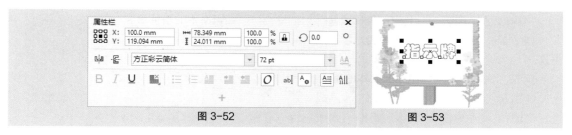

图 3-52   图 3-53

◎ **输入段落文本**

选择"文本"工具**字**，在绘图页面中按住鼠标左键不放，沿对角线拖曳鼠标，出现一个矩形文本框，松开鼠标左键，文本框如图 3-54 所示。在"文本"工具属性栏中选择字体，设置字号和字符属性，如图 3-55 所示。设置好后，直接在文本框中输入段落文本，效果如图 3-56 所示。

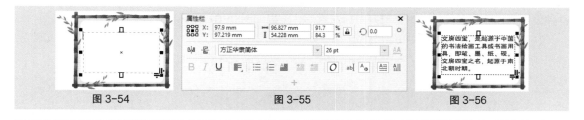

图 3-54   图 3-55   图 3-56

技巧 利用"剪切""复制""粘贴"命令，可以将其他文本处理软件（如 Office）中的文本复制到 CorelDRAW 2020 的文本框中。

◎ **转换文本模式**

选择"选择"工具**↖**，选中美术字文本，如图 3-57 所示。选择"文本 > 转换为段落文本"命令，或按 Ctrl+F8 组合键，可以将其转换为段落文本，如图 3-58 所示。再次按 Ctrl+F8 组合键，可以将其转换回美术字文本。

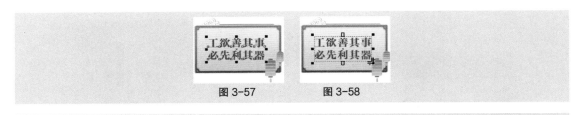

图 3-57　　　　　　　　　　图 3-58

> **提示**　当美术字文本转换为段落文本后，它就不是图形对象了，也就不能进行特殊效果的操作。当段落文本转换成美术字文本后，它会失去段落文本的格式。

2．改变文本的属性

◎ 在属性栏中改变文本的属性

选择"文本"工具字，属性栏如图 3-59 所示。各选项、按钮的含义如下。

字体列表：单击 Arial 中的 ▼ 按钮，可以在下拉列表中选取需要的字体。

字体大小：单击 12 pt 中的 ▼ 按钮，可以在下拉列表中选取需要的字号。

B *I* U：设定字体为粗体、斜体或添加下划线。

"文本对齐"按钮 ：在其下拉菜单中选择文本的对齐方式。

"文本"按钮 ：打开"文本"泊坞窗。

"编辑文本"按钮 abl：打开"编辑文本"对话框，可以编辑文本的各种属性。

/ ：设置文本的排列方式为水平或垂直。

◎ 在"文本"泊坞窗中改变文本的属性

单击属性栏中的"文本"按钮 ，或选择"窗口 > 泊坞窗 > 文本"命令，或按 Ctrl+T 组合键，打开"文本"泊坞窗，如图 3-60 所示。在"文本"泊坞窗中可以设置文字的字体及大小等属性。

图 3-59　　　　　　　　　　图 3-60

3．编辑文本

选择"文本"工具字，在绘图页面中的文本中单击，出现插入文本光标，按住鼠标左键不放，拖曳鼠标可以选中需要的文本，松开鼠标左键后，效果如图 3-61 所示。

在"文本"工具属性栏中重新选择字体，如图 3-62 所示。设置完成后，选中文本的字体被改变，效果如图 3-63 所示。在"文本"工具属性栏中还可以设置文本的其他属性。

图 3-61　　　　　　　　　　图 3-62　　　　　　　　　　图 3-63

选中需要填色的文本，如图 3-64 所示。在调色板中需要的颜色上单击，可以为选中的文本填充颜色，如图 3-65 所示。在页面的任意位置单击，可以取消对文本的选取。

按住 Alt 键并拖曳文本框，如图 3-66 所示，可以按文本框的大小改变段落文本的大小，如图 3-67 所示。

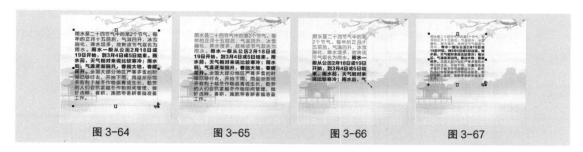

图 3-64   图 3-65   图 3-66   图 3-67

选中需要复制的文本，如图 3-68 所示，按 Ctrl+C 组合键，将选中的文本复制到 Windows 的剪贴板中。在文本中的其他位置单击，出现插入文本光标，再按 Ctrl+V 组合键，可以将选中的文本粘贴到文本中的其他位置，效果如图 3-69 所示。

在文本中的任意位置单击，出现插入文本光标，如图 3-70 所示；再按 Ctrl+A 组合键，可以将整个文本选中，如图 3-71 所示。

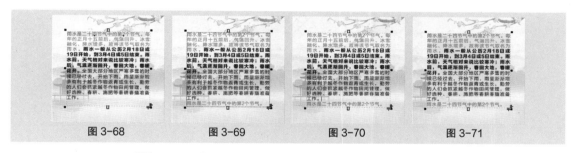

图 3-68   图 3-69   图 3-70   图 3-71

选择"选择"工具 ▲，选中需要编辑的文本，单击属性栏中的"编辑文本"按钮 ab|，或选择"文本 > 编辑文本"命令，或按 Ctrl+Shift+T 组合键，弹出"编辑文本"对话框，如图 3-72 所示。

在"编辑文本"对话框中，上面的选项 微软雅黑 ▼ 24 pt ▼ B I U ▤ ▤ ▤用于设置文本的属性，中间的文本框用于输入需要的文本。

单击下面的"选项"按钮，弹出图 3-73 所示的下拉菜单，可以在其中选择需要的命令来完成编辑文本的操作。

单击下面的"导入"按钮，弹出图 3-74 所示的"导入"对话框，可以将需要的文本导入"编辑文本"对话框的文本框中。

在"编辑文本"对话框中编辑好文本后，单击"确定"按钮，编辑好的文本内容就会出现在绘图页面中。

图 3-72   图 3-73   图 3-74

3.3 填充工具组

　　CorelDRAW 2020 提供了丰富的轮廓线和各种填充设置，使用它们可以制作出精美的轮廓线和填充效果。下面具体介绍轮廓填充、均匀填充、渐变填充、图样填充和其他填充的方法和技巧。

3.3.1 课堂案例——绘制水果图标

　　【案例学习目标】学习使用"双色图样填充"按钮和"网状填充"工具绘制水果图标。
　　【案例知识要点】使用"矩形"工具和"双色图样填充"按钮绘制背景，使用"椭圆形"工具、"多边形"工具、"基本形状"工具、"水平镜像"按钮、"焊接"按钮和"轮廓笔"工具绘制水果形状，使用"3 点椭圆形"工具、"网状填充"工具绘制高光，水果图标效果如图 3-75 所示。
　　【效果所在位置】云盘 \Ch03\ 效果 \ 绘制水果图标 .cdr。

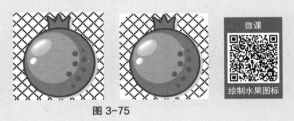

图 3-75

　　（1）按 Ctrl+N 组合键，弹出"创建新文档"对话框，设置文档的"宽度"为 1024 px，"高度"为 1024 px，"方向"为纵向，"原色模式"为"RGB"，"分辨率"为 72 dpi，单击"OK"按钮，创建一个文档。

　　（2）双击"矩形"工具□，绘制一个与页面大小相等的矩形，如图 3-76 所示。按 Shift+F11 组合键，弹出"编辑填充"对话框，单击"双色图样填充"按钮▣，切换到相应的设置区，单击"填充"选项█▾中的▾按钮，在弹出的列表框中选择需要的图样效果，如图 3-77 所示，其他选项的设置如图 3-78 所示。单击"OK"按钮，填充图形，并去除图形的轮廓线，效果如图 3-79 所示。

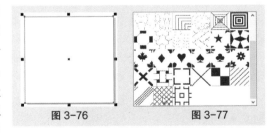

图 3-76　　　　　　　图 3-77

　　（3）选择"椭圆形"工具○，按住 Ctrl 键的同时，在适当的位置绘制一个圆形，设置图形颜色的 RGB 值为（215、36、36），填充图形，效果如图 3-80 所示。

　　（4）按 F12 键，弹出"轮廓笔"对话

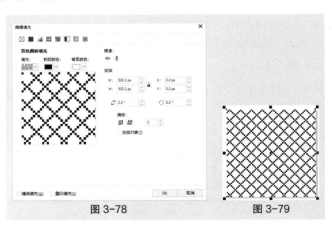

图 3-78　　　　　　　图 3-79

框，在"颜色"选项中设置轮廓线颜色的 RGB 值为（115、37、51），其他选项的设置如图 3-81 所示。单击"OK"按钮，效果如图 3-82 所示。

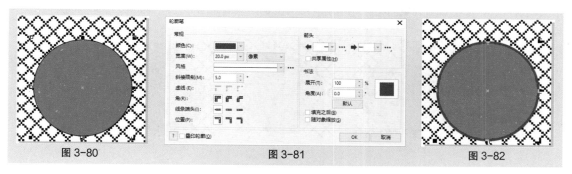

图 3-80　　　　　　　　　　　　图 3-81　　　　　　　　　　　　图 3-82

（5）选择"多边形"工具 ⬡，属性栏中的设置如图 3-83 所示。在页面外绘制一个三角形，效果如图 3-84 所示。

（6）选择"常见的形状"工具 ⬚，单击属性栏中的"常用形状"按钮 ▢，在弹出的下拉菜单中选择需要的形状，如图 3-85 所示。在适当的位置拖曳鼠标绘制三角形，效果如图 3-86 所示。

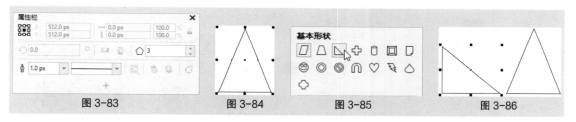

图 3-83　　　　　　　　图 3-84　　　　　　　　图 3-85　　　　　　　　图 3-86

（7）单击属性栏中的"转换为曲线"按钮 ⟳，将图形转换为曲线，如图 3-87 所示。选择"形状"工具 ↖，选中并向右拖曳左下角的节点到适当的位置，效果如图 3-88 所示。

（8）选择"选择"工具 ↖，按数字键盘上的 + 键，复制图形。按住 Shift 键的同时，水平向右拖曳复制的图形到适当的位置，效果如图 3-89 所示。单击属性栏中的"水平镜像"按钮 ⬌，水平镜像图形，局部效果如图 3-90 所示，调整 3 个三角形的间距。

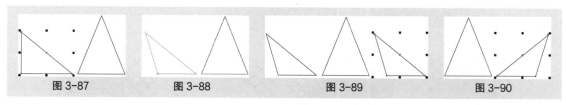

图 3-87　　　　　　　图 3-88　　　　　　　图 3-89　　　　　　　图 3-90

（9）选择"矩形"工具 ▢，在适当的位置绘制一个矩形，如图 3-91 所示。选择"选择"工具 ↖，用圈选的方法将所绘制的图形同时选取，如图 3-92 所示。单击属性栏中的"焊接"按钮 ⬒，合并图形，效果如图 3-93 所示。

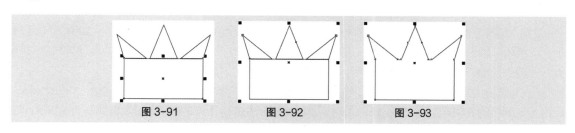

图 3-91　　　　　　　图 3-92　　　　　　　图 3-93

（10）选择"选择"工具 ，拖曳合并后的图形到页面中适当的位置，如图 3-94 所示。选择"属性滴管"工具 ，将鼠标指针放置在圆形上，鼠标指针变为 图标，如图 3-95 所示。在圆形上单击吸取属性，鼠标指针变为 图标，在需要的图形上单击，填充图形，效果如图 3-96 所示。

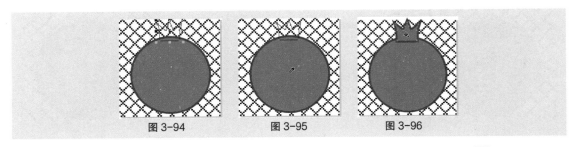

图 3-94　　　　　　　图 3-95　　　　　　　图 3-96

（11）按 F12 键，弹出"轮廓笔"对话框，在"角"选项中单击"圆角"按钮 ，其他选项的设置如图 3-97 所示。单击"OK"按钮，效果如图 3-98 所示。按 Ctrl+PageDown 组合键，将图形向后移一层，效果如图 3-99 所示。

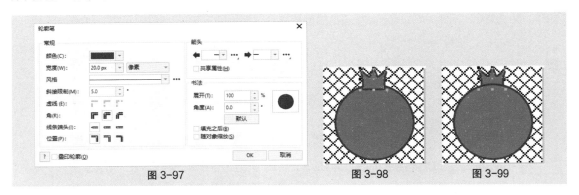

图 3-97　　　　　　　　　　图 3-98　　　　　　　图 3-99

（12）选择"选择"工具 ，按住 Shift 键的同时，单击圆形将其同时选取，如图 3-100 所示，按数字键盘上的 + 键，复制图形。分别按 → 和 ↓ 键，微调复制的图形到适当的位置，如图 3-101 所示。

（13）保持图形的选取状态。设置图形填充和轮廓线颜色的 RGB 值均为（204、208、213），填充图形，效果如图 3-102 所示。按 Ctrl+PageDown 组合键，将选中图形向后移一层，效果如图 3-103 所示。

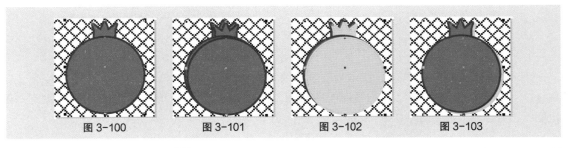

图 3-100　　　　　　　图 3-101　　　　　　　图 3-102　　　　　　　图 3-103

（14）选择"椭圆形"工具 ，按住 Ctrl 键的同时，在适当的位置绘制一个圆形，如图 3-104 所示。设置图形颜色的 RGB 值为（254、52、52），填充图形，并去除图形的轮廓线，效果如图 3-105 所示。用相同的方法分别绘制其他圆形，并填充相应的颜色，效果如图 3-106 所示。

（15）选择"3 点椭圆形"工具 ，在适当的位置拖曳鼠标绘制一个倾斜椭圆形，如图 3-107 所示。设置图形颜色的 RGB 值为（255、153、153），填充图形，并去除图形的轮廓线，效果如图 3-108 所示。

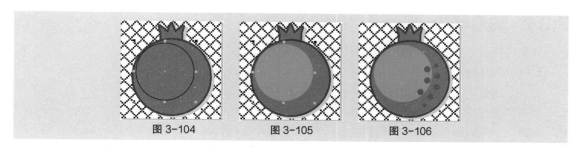

图 3-104　　　　　　　　图 3-105　　　　　　　　图 3-106

（16）选择"网状填充"工具 ⊞，在属性栏中进行设置，如图 3-109 所示。按 Enter 键，在椭圆形中添加网格，效果如图 3-110 所示。

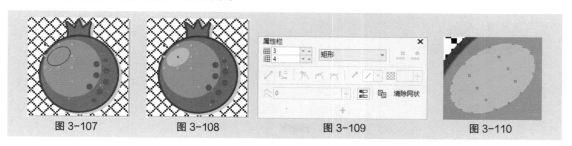

图 3-107　　　　　　图 3-108　　　　　　图 3-109　　　　　　图 3-110

（17）按住 Shift 键的同时，选中网格中图 3-111 所示的节点。在 RGB 调色板中的"白"色块上单击，填充颜色，效果如图 3-112 所示。

（18）按住 Shift 键的同时，选中网格中图 3-113 所示的节点。选择"窗口 > 泊坞窗 > 颜色"命令，弹出"Color"泊坞窗，设置如图 3-114 所示。单击"填充"按钮，效果如图 3-115 所示。

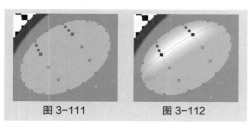

图 3-111　　　　　　图 3-112

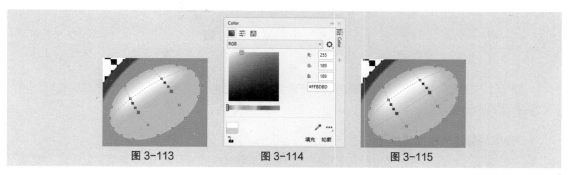

图 3-113　　　　　　图 3-114　　　　　　图 3-115

（19）用相同的方法绘制一个网状填充的椭圆形，效果如图 3-116 所示。水果图标绘制完成，效果如图 3-117 所示。将图标应用在手机中，会自动变为圆角遮罩图标，呈现出圆角效果，如图 3-118 所示。

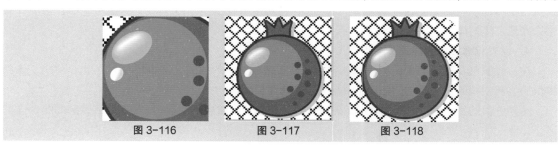

图 3-116　　　　　　图 3-117　　　　　　图 3-118

3.3.2　轮廓填充

轮廓线是指一个图形对象的边缘或路径。

1. 使用"轮廓笔"工具

打开"轮廓笔"工具 🖊 的展开工具栏，如图 3-119 所示。

展开工具栏中的"轮廓笔"工具用于编辑图形对象的轮廓线；"轮廓颜色"工具用于编辑图形对象的轮廓线颜色；中间的 11 个工具都是用于设置图形对象的轮廓线宽度的，分别是"无轮廓""细线轮廓""0.1 mm""0.2 mm""0.25 mm""0.5 mm""0.75 mm""1 mm""1.5 mm""2 mm""2.5 mm"；选择"颜色"工具可以弹出"Color"泊坞窗，对图形的轮廓线颜色进行编辑。

2. 设置轮廓线的颜色

绘制一个图形对象，并使图形对象处于选取状态，选择"轮廓笔"工具 🖊，弹出"轮廓笔"对话框，如图 3-120 所示。

在"轮廓笔"对话框中，"颜色"选项用于设置轮廓线的颜色，在 CorelDRAW 2020 的默认状态下，轮廓线被设置为黑色。在"颜色"选项 █████ ▾ 按钮上单击，打开颜色面板，如图 3-121 所示，在颜色面板中可以调配自己需要的颜色。

设置好需要的颜色后，单击"OK"按钮，可以改变轮廓线的颜色。

图 3-119

图 3-120　　　　　　　　　　　图 3-121

> **提示**　在图形对象处于选取状态的情况下，直接在调色板中需要的颜色上单击鼠标右键，可以快速填充轮廓线颜色。

3. 设置轮廓线的粗细及样式

在"轮廓笔"对话框中，"宽度"选项用于设置轮廓线的宽度值和宽度的度量单位。在"宽度"右侧的第 1 个三角按钮上单击，弹出下拉列表，可以在其中选择宽度值，如图 3-122 所示，也可以在数值框中直接输入宽度值。在"宽度"右侧的第 2 个按钮上单击，弹出下拉列表，可以在其中选择宽度的度量单位，如图 3-123 所示。在"风格"右侧的三角按钮上单击，弹出列表框，可以在其中选择轮廓线的样式，如图 3-124 所示。

4. 设置轮廓线角的样式及端头样式

在"轮廓笔"对话框中，"角"选项用于设置轮廓线角的样式，如图 3-125 所示。"角"选项提供了 3 种拐角的方式，它们分别是斜接角、圆角和斜切角。

将轮廓线的宽度增加，因为较细的轮廓线在设置拐角后效果不明显。3 种拐角的效果如图 3-126 所示。

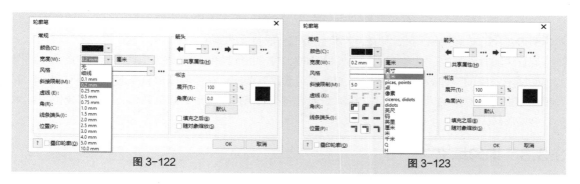

图 3-122　　　　　　　　　　　　　　　　　　图 3-123

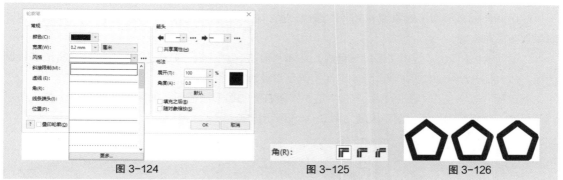

图 3-124　　　　　　　　　　图 3-125　　　　　　　　图 3-126

在"轮廓笔"对话框中，"线条端头"选项用于设置线条端头的样式，如图 3-127 所示。3 种样式分别是方形端头、圆形端头、延伸方形端头。分别应用 3 种端头样式，效果如图 3-128 所示。

图 3-127　　　　　　图 3-128

在"轮廓笔"对话框中，"位置"选项用于设置轮廓位置的样式，如图 3-129 所示。3 种样式分别是外部轮廓、居中的轮廓、内部轮廓。分别选择 3 种位置样式，效果如图 3-130 所示。

图 3-129　　　　　　　　　　　　图 3-130

在"轮廓笔"对话框中，"箭头"设置区用于设置线条两端的箭头样式，如图 3-131 所示。在"箭头"设置区中，左侧起始箭头选项 ⬚ 用于设置箭头样式，单击其中的 ▾ 按钮，弹出箭头样式列表框，如图 3-132 所示。右侧终止箭头选项 ⬚ 用于设置箭尾样式，单击其中的 ▾ 按钮，弹出箭尾样式列表框，如图 3-133 所示。

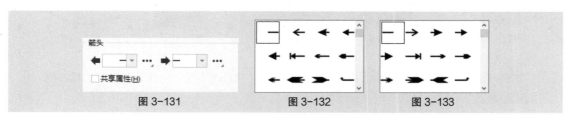

图 3-131　　　　　　　　图 3-132　　　　　　　　图 3-133

勾选"填充之后"复选框后，图形对象的轮廓将置于图形对象的填充之后。图形对象的填充会遮挡图形对象的轮廓颜色，因此只能观察到轮廓的一段宽度的颜色。

勾选"随对象缩放"复选框后，缩放图形对象时，图形对象的轮廓线会根据图形对象的大小而改变，使图形对象的整体效果保持不变。如果不勾选此复选框，在缩放图形对象时，图形对象的轮廓线不会根据图形对象的大小而改变，轮廓线和填充不能保持原图形对象的效果，图形对象的整体效果就会被破坏。

3.3.3　均匀填充

1. 使用调色板填充颜色

使用调色板是给图形对象填充颜色的最快途径。通过选取调色板中的颜色，可以把该颜色快速填充到图形对象中。

CorelDRAW 2020 提供了多种调色板，选择"窗口 > 调色板"命令，将弹出可供选择的多种调色板。CorelDRAW 2020 在默认状态下使用的是 CMYK 调色板。

调色板一般在工作界面的右侧。选中工作界面右侧的条形调色板，如图 3-134 所示。拖曳条形调色板到工作界面的中间，调色板变为图 3-135 所示样式。

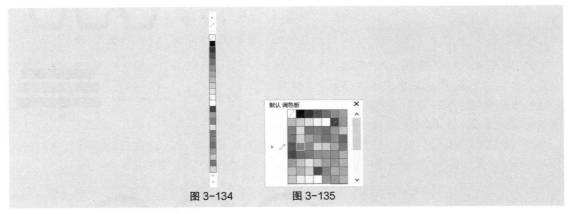

图 3-134　　　　　　图 3-135

打开一个要填充的图形对象，使用"选择"工具 ▶ 将其选中，如图 3-136 所示。在调色板中选中的颜色上单击，如图 3-137 所示，图形对象的内部即被该颜色填充，如图 3-138 所示。单击调色板中的"无填充"按钮☑，可取消对图形对象内部的颜色填充。

保持图形对象的选取状态。在调色板中选中的颜色上单击鼠标右键，如图 3-139 所示，图形对象的轮廓线即被该颜色填充，设置适当的轮廓线宽度，效果如图 3-140 所示。

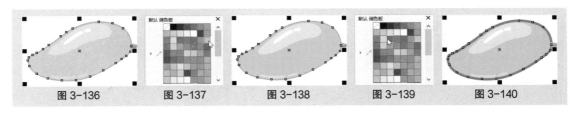

图 3-136　　　　图 3-137　　　　图 3-138　　　　图 3-139　　　　图 3-140

技巧　选中调色板中的色块，按住鼠标左键不放将其拖曳到图形对象上，松开鼠标左键，也可填充对象。

2. 使用均匀填充

按 Shift+F11 组合键，弹出"编辑填充"对话框，可以在该对话框中设置需要的颜色。该对话框中的两种设置颜色的方式分别为颜色查看器和调色板。具体介绍如下。

◎ 颜色查看器

颜色查看器设置区如图 3-141 所示，该设置区中提供了完整的色谱。通过操作颜色关联控件可更改颜色，也可以通过在颜色模式的各数值框中输入数值来设定需要的颜色。在设置区中可以选择不同的颜色模式，"色彩模型"选项默认为"CMYK"，如图 3-142 所示。

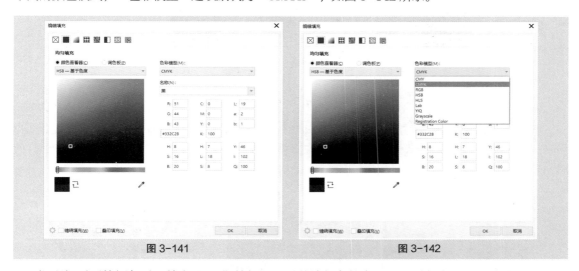

图 3-141　　　　　　　　　　　　　　　图 3-142

调配好需要的颜色后，单击"OK"按钮，可以将该颜色填充到图形对象中。

◎ 调色板

调色板设置区如图 3-143 所示。调色板设置区是通过 CorelDRAW 2020 中已有颜色库中的颜色来填充图形对象，在"调色板"单选按钮下方的下拉列表中可以选择需要的颜色库，如图 3-144 所示。

图 3-143　　　　　　　　　　　　　　　图 3-144

在调色板中的颜色上单击，就可以选中需要的颜色，勾选"显示颜色名"复选框可以显示颜色库中的颜色名称。选好需要的颜色后，单击"OK"按钮，可以将该颜色填充到图形对象中。

3. 使用"Color"泊坞窗填充

"Color"泊坞窗是为图形对象填充颜色的辅助工具，特别适合在实际工作中使用。

单击工具箱下方的➕按钮，可以添加"颜色"工具，随后选择"颜色"工具，弹出"Color"泊坞窗，如图 3-145 所示。绘制两个气球，如图 3-146 所示。在"Color"泊坞窗中调配颜色，如图 3-147 所示。

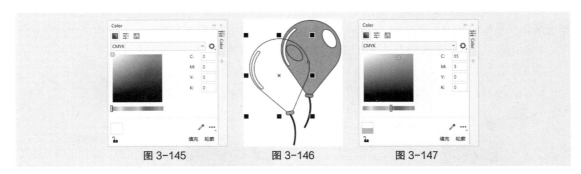

图 3-145　　　　　　　图 3-146　　　　　　　图 3-147

调配好颜色后，单击"填充"按钮，如图 3-148 所示；颜色将填充到气球的内部，效果如图 3-149 所示。调配好另一种颜色后，单击"轮廓"按钮，如图 3-150 所示，填充颜色到气球的轮廓线，效果如图 3-151 所示。

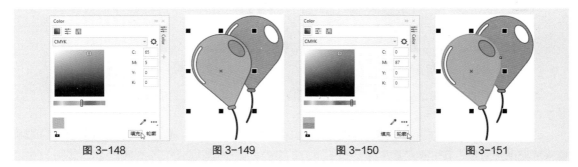

图 3-148　　　　图 3-149　　　　图 3-150　　　　图 3-151

"Color"泊坞窗的右上角的 3 个按钮 ■ ≡ ▦ 分别是"显示颜色查看器""显示颜色滑块""显示调色板"。单击不同的按钮，可以选择不同的调配颜色的方式，如图 3-152 所示。

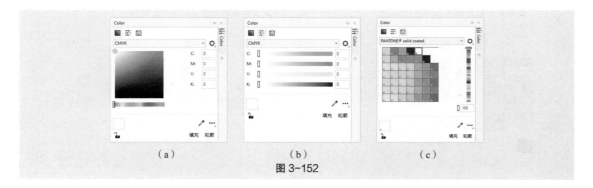

（a）　　　　　　　（b）　　　　　　　（c）

图 3-152

3.3.4　渐变填充

渐变填充包括线性、椭圆形、圆锥形和矩形 4 种渐变色彩填充的形式，可以绘制出多种渐变颜色效果。下面将介绍渐变填充的使用方法和技巧。

1. 使用属性栏进行填充

绘制一个图形，效果如图 3-153 所示。选择"交互式填充"工具 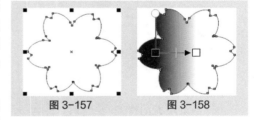，在属性栏中单击"渐变填充"按钮 ，属性栏如图 3-154 所示，线性渐变填充效果如图 3-155 所示。

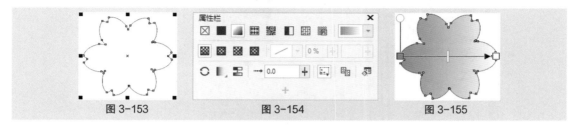

图 3-153   图 3-154   图 3-155

单击属性栏中的其他按钮，如 ，可以修改渐变的类型。椭圆形渐变填充、圆锥形渐变填充和矩形渐变填充的效果如图 3-156 所示。

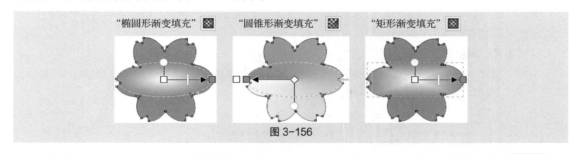

图 3-156

属性栏中的"节点颜色"选项 用于指定选定渐变节点的颜色，"节点透明度"选项 0% 用于设置选定渐变节点的透明度，"加速"选项 0.0 用于设置渐变从一个颜色到另外一个颜色的速度。

2. 使用工具进行填充

绘制一个图形，如图 3-157 所示。选择"交互式填充"工具 ，在颜色的起点位置按住鼠标左键拖曳鼠标到适当的位置，松开鼠标左键，图形被填充了预设的颜色，效果如图 3-158 所示。在拖曳的过程中可以控制渐变的角度、渐变的边缘宽度等渐变属性。

图 3-157   图 3-158

拖曳颜色起点和颜色终点可以改变渐变的角度和边缘宽度，拖曳中间点可以调整渐变颜色的分布，拖曳渐变线可以控制颜色渐变与图形之间的相对位置，拖曳圆圈图标可以调整渐变的倾斜角度。

3. 使用渐变填充

按 F11 键，弹出"编辑填充"对话框，该对话框中的"排列"选项用于设置渐变填充的 3 种类型："默认""重复和镜像""重复"。

◎ "默认"渐变填充

单击"默认"按钮 ，"编辑填充"对话框如图 3-159 所示。

在预览色带的起点和终点颜色之间双击，将在预览色带上产生一个色标 ，也就是新增了一个渐变颜色标记。"节点位置"选项 位置: 24% 中显示的百分数就是当前新增渐变颜色标记的位置。单击"节点颜色"选项 颜色: 中的 按钮，然后设置需要的渐变颜色，预览色带上新增渐变颜色标记的颜色将变为需要的新颜色。"节点颜色"选项 颜色: 中显示的颜色就是当前新增渐变颜色标记的颜色，如图 3-160 所示。在对话框中设置好渐变颜色后，单击"OK"按钮，完成图形的渐变填充。

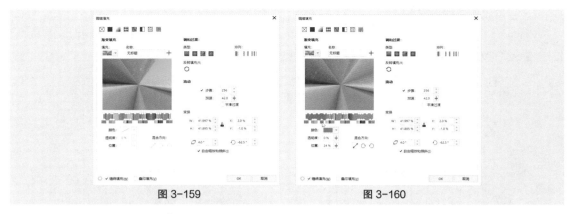

图 3-159   图 3-160

◎ **"重复和镜像"渐变填充**

单击"重复和镜像"按钮▯▯，"编辑填充"对话框如图 3-161 所示。单击调色板中的颜色，可改变自定义渐变填充终点的颜色。

◎ **"重复"渐变填充**

单击"重复"按钮▯▯，"编辑填充"对话框如图 3-162 所示。在该对话框中设置好渐变颜色后，单击"OK"按钮，完成图形的渐变填充。

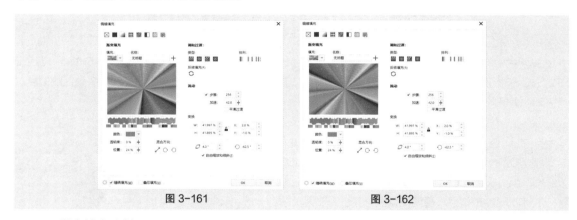

图 3-161   图 3-162

4. 渐变填充的样式

绘制一个图形，效果如图 3-163 所示。在"编辑填充"对话框中单击"填充挑选器"选项▮▮ ▾中的▾按钮，弹出的列表框中包含 CorelDRAW 2020 预设的一些渐变效果，如图 3-164 所示。

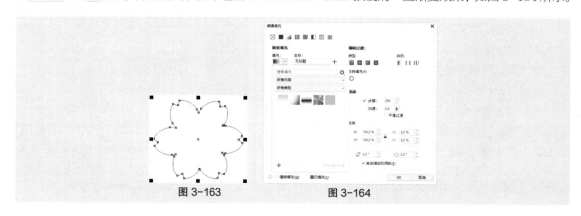

图 3-163   图 3-164

选择一个预设的渐变效果，单击"OK"按钮，可以完成渐变填充。使用各种预设的渐变效果填充的效果如图 3-165 所示。

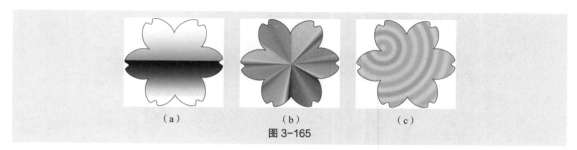

（a） （b） （c）

图 3-165

3.3.5 图样填充

向量图样填充由矢量图形和线条生成。按 F11 键，在弹出的"编辑填充"对话框中单击"向量图样填充"按钮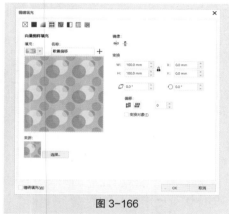，如图 3-166 所示。

位图图样填充使用位图图像来填充。按 F11 键，在弹出的"编辑填充"对话框中单击"位图图样填充"按钮，如图 3-167 所示。

双色图样填充使用两种颜色构成的图案来填充，也就是通过设置前景色和背景色来填充。按 F11 键，在弹出的"编辑填充"对话框中单击"双色图样填充"按钮，如图 3-168 所示。

图 3-166

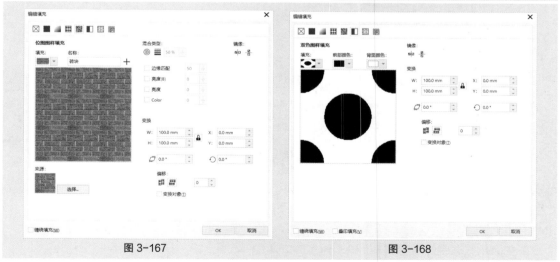

图 3-167

图 3-168

3.3.6 其他填充

除均匀填充、渐变填充和图样填充之外，常用的填充还包括底纹填充、网状填充等，应用这些填充可以使图形更加自然、多变。下面具体介绍这些填充的使用方法和技巧。

1. 底纹填充

按 F11 键，弹出"编辑填充"对话框，单击"底纹填充"按钮▦，如图 3-169 所示。CorelDRAW 2020 的底纹库提供了多个样本组和多种预设的底纹。

在"底纹库"下拉列表中可以选择不同的样本组。CorelDRAW 2020 底纹库提供了 7 个样本组。选择样本组后，"填充"选项▦▦中将显示出底纹的效果，单击"填充"选项▦▦中的▾按钮，在弹出的列表框中选择需要的底纹图案。

选好需要的底纹后，单击"OK"按钮，可以将底纹填充到图形对象中。填充不同底纹的图形效果如图 3-170 所示。

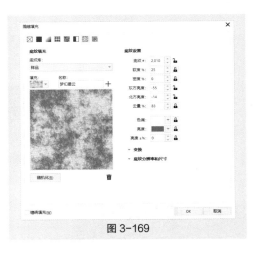

图 3-169

（a）　　　　　　（b）　　　　　　（c）

图 3-170

选择"交互式填充"工具◈，在属性栏中单击"底纹填充"按钮▦，单击"填充挑选器"选项▦▦中的▾按钮，在弹出的列表框中可以选择底纹填充的样式。

> **提示** 底纹填充会增加文件的大小，并使操作的时间增长，因此在对大型的图形对象使用底纹填充时要慎重。

2. PostScript 填充

PostScript 填充是利用 PostScript 语言设计出来的一种特殊的图案填充。PostScript 底纹是一种特殊的底纹。只有在"增强"视图模式下，PostScript 填充的底纹才能显示出来。下面介绍 PostScript 填充的使用方法和技巧。

按 F11 键，弹出"编辑填充"对话框，单击"PostScript 填充"按钮▦，切换到相应的设置区，如图 3-171 所示，CorelDRAW 2020 提供了多个 PostScript 底纹。

在左侧预览框中可以看到 PostScript 底纹的效果。"填充底纹"列表框中有多个 PostScript 底纹，选择一个 PostScript 底纹，右侧的参数设置区中会出现所选 PostScript 底纹的参数。不同的 PostScript 底纹会有不同的参数。

在参数设置区的各选项中输入需要的数值，可

图 3-171

以改变选择的 PostScript 底纹，产生新的 PostScript 底纹效果，如图 3-172 所示。

选择"交互式填充"工具 ，在属性栏中单击"PostScript 填充"按钮 ，单击"PostScript 填充底纹"选项 ，可以在弹出的列表框中选择不同的 PostScript 底纹填充的样式对图形对象进行填充，如图 3-173 所示。

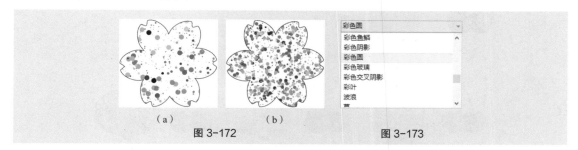

图 3-172　　　　　　　　图 3-173

3. 网状填充

打开一个要进行网状填充的图形，如图 3-174 所示。选择"交互式填充"工具 展开工具栏中的"网状填充"工具 ，在属性栏中将横竖网格的数量均设置为 3，按 Enter 键，图形的网状填充效果如图 3-175 所示。

选中网格中需要填充的节点，如图 3-176 所示。在调色板中单击需要的颜色，可以为选中的节点填充颜色，效果如图 3-177 所示。

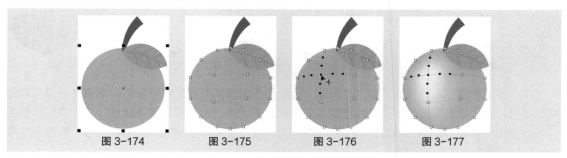

图 3-174　　　　图 3-175　　　　图 3-176　　　　图 3-177

再依次选中需要的节点并进行颜色填充，如图 3-178 所示。选中节点后，拖曳节点的控制点可以改变颜色填充的方向，如图 3-179 所示。交互式网状填充效果如图 3-180 所示。

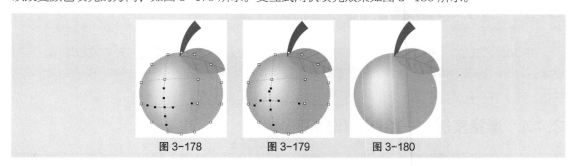

图 3-178　　　　图 3-179　　　　图 3-180

4. 滴管工具

使用"属性滴管"工具可以在图形对象上提取并复制对象的属性，进而填充到其他图形对象中。使用"颜色滴管"工具只能将从图形对象上提取的颜色复制到其他图形对象中。

◎ "颜色滴管"工具

绘制两个图形，如图 3-181 所示。选择"颜色滴管"工具 ，属性栏如图 3-182 所示。将鼠标指针放置在图形对象上，单击提取对象的颜色，如图 3-183 所示。鼠标指针变为 图标，将鼠标指针移动到另一图形对象上，如图 3-184 所示。单击即可填充提取的颜色，效果如图 3-185 所示。

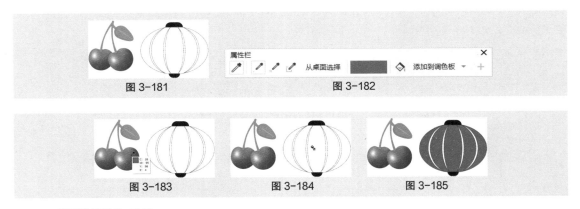

图 3-181　　　　　　　　　　　　图 3-182

图 3-183　　　　　　　　　　图 3-184　　　　　　　　　　图 3-185

◎ "属性滴管"工具

选择"属性滴管"工具 ，属性栏如图 3-186 所示。将鼠标指针放置在图形对象上，单击提取对象的属性，如图 3-187 所示。鼠标指针变为 图标，将鼠标指针移动到另一图形对象上，如图 3-188 所示。单击即可填充提取的所有属性，效果如图 3-189 所示。

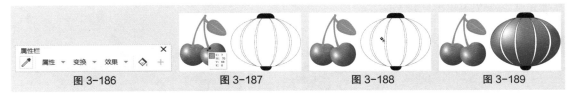

图 3-186　　　　　　　　图 3-187　　　　　　　　图 3-188　　　　　　　　图 3-189

在"属性滴管"工具属性栏中，"属性"选项用于设置提取并复制对象的轮廓属性、填充属性和文本属性，"变换"选项用于设置提取并复制对象的大小、旋转和位置等属性，"效果"选项用于设置提取并复制对象的透视点、封套、混合、立体化、轮廓图、透镜、PowerClip、阴影、变形和位图效果等属性。

3.4　变换工具组

在 CorelDRAW 2020 中，可以使用变换工具组及"变换"泊坞窗对图形对象进行编辑，包括缩放、移动、镜像、旋转、倾斜、复制和删除对象等操作。本节将讲解多种编辑图形对象的方法和技巧。

3.4.1　课堂案例——绘制风景插画

【案例学习目标】学习使用编辑对象的方法绘制风景插画。

【案例知识要点】使用"选择"工具移动并缩放图形，使用"水平镜像"按钮翻转图形，使用"变换"泊坞窗复制并镜像图形，风景插画效果如图 3-190 所示。

【效果所在位置】云盘 \Ch03\ 效果 \ 绘制风景插画 .cdr。

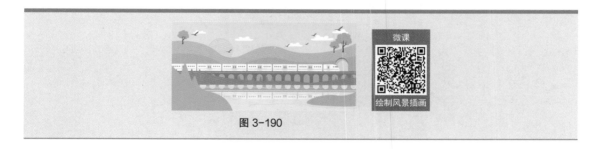

图 3-190

（1）按 Ctrl+O 组合键，打开云盘中的"Ch03\ 素材 \ 绘制风景插画 \01"文件，如图 3-191 所示。选择"选择"工具 ，选中云彩图形，如图 3-192 所示。

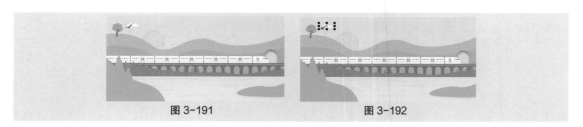

图 3-191   图 3-192

（2）按数字键盘上的 + 键，复制云彩图形。向右下方拖曳复制的云彩图形到适当的位置，效果如图 3-193 所示。按住 Shift 键的同时，拖曳右上角的控制手柄等比例缩放云彩图形，效果如图 3-194 所示。

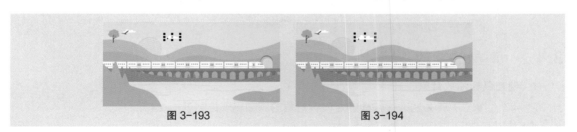

图 3-193   图 3-194

（3）单击属性栏中的"水平镜像"按钮 ，水平镜像云彩图形，效果如图 3-195 所示。用相同的方法分别复制云彩、树和老鹰图形，并调整其大小，效果如图 3-196 所示。

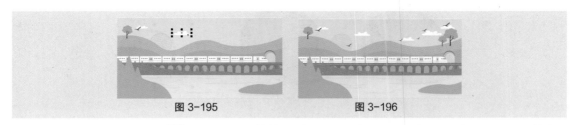

图 3-195   图 3-196

（4）选择"选择"工具 ，按住 Shift 键的同时，将需要的图形同时选取，如图 3-197 所示。按 Alt+F7 组合键，弹出"变换"泊坞窗，各选项的设置如图 3-198 所示。单击"应用"按钮，复制并镜像图形，效果如图 3-199 所示。按住 Shift 键的同时，垂直向上拖曳镜像的图形到适当的位置，效果如图 3-200 所示。

（5）选择"透明度"工具 ，在属性栏中单击"均匀透明度"按钮 ，其他选项的设置如图 3-201 所示。按 Enter 键，效果如图 3-202 所示。

（6）按 Esc 键，取消选取该图形，风景插画绘制完成，效果如图 3-203 所示。

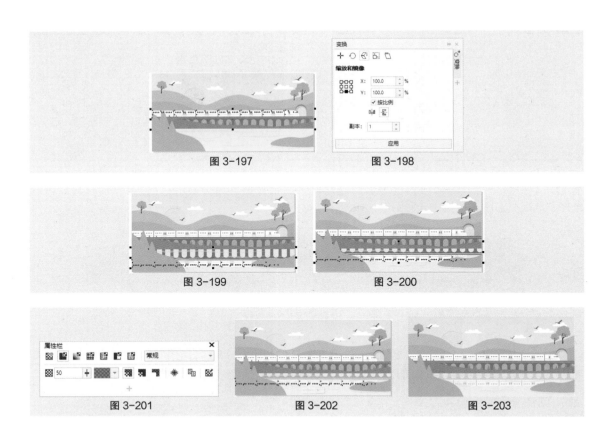

图 3-197　　　　　　　　　　　　　图 3-198

图 3-199　　　　　　　　　　　　　图 3-200

图 3-201　　　　　　　　　　图 3-202　　　　　　　　　图 3-203

3.4.2　对象的缩放

1. 使用鼠标缩放对象

使用"选择"工具 ![tool] 选取要缩放的对象，对象的周围出现控制手柄。

拖曳控制手柄可以缩放对象。拖曳对角线上的控制手柄可以按比例缩放对象，如图 3-204 所示；拖曳其他控制手柄可以不按比例缩放对象，如图 3-205 所示。

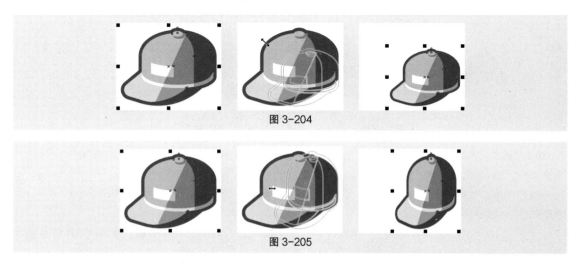

图 3-204

图 3-205

拖曳对角线上的控制手柄时，若按住 Ctrl 键，对象会以 100% 的比例缩放。按住 Shift+Ctrl 组合键，对象会以 100% 的比例从中心缩放。

2. 使用"自由变换"工具缩放对象

选取要缩放的对象，对象的周围出现控制手柄。选择"选择"工具 ▶ 展开工具栏中的"自由变换"工具 ✛₂，单击"自由缩放"按钮 ⊞，属性栏如图 3-206 所示。

图 3-206

在"自由变换"工具属性栏中的"对象大小"数值框 ⊞ 144.279 mm 119.845 mm 中，输入对象的宽度和高度。如果启用了"缩放因子" 100.0 % 100.0 % 中的"锁定比率"按钮 🔒，则宽度和高度将按比例缩放，只要改变宽度和高度中的一个值，另一个值就会自动按比例调整。调整好宽度和高度后，按 Enter 键，完成对象的缩放，效果如图 3-207 所示。

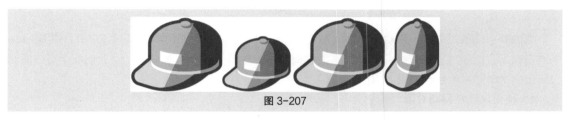

图 3-207

3. 使用"变换"泊坞窗缩放对象

选取要缩放的对象，如图 3-208 所示。选择"窗口 > 泊坞窗 > 变换"命令，或按 Alt+F7 组合键，弹出"变换"泊坞窗，如图 3-209 所示。其中，"W"表示宽度，"H"表示高度。如果不勾选"按比例"复选框，就可以不按比例缩放对象。

在"变换"泊坞窗中，图 3-210 所示的是可供选择的圈选框控制手柄 8 个点和中心标记的位置，单击其中一个点以定义一个在缩放对象时固定不动的点，缩放的对象将基于这个点进行缩放，这个点可以决定缩放后的图形与原图形的相对位置。

图 3-208　　　　　　　　图 3-209　　　　　　　　图 3-210

在"变换"泊坞窗中设置好需要的数值，如图 3-211 所示。单击"应用"按钮，完成对象的缩放，效果如图 3-212 所示。"副本"选项用来复制生成多个缩放好的对象。

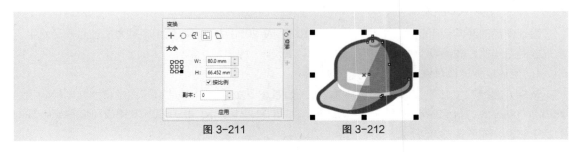

图 3-211　　　　　　　　　图 3-212

3.4.3 对象的移动

1. 使用工具和键盘移动对象

使用"选择"工具 选取要移动的对象，如图 3-213 所示。选择"选择"工具 或其他绘图工具，将鼠标指针移到对象的中心标记上，鼠标指针将变为十字箭头形状✛，如图 3-214 所示。按住鼠标左键不放，拖曳对象到适当的位置，松开鼠标左键，完成对象的移动，效果如图 3-215 所示。

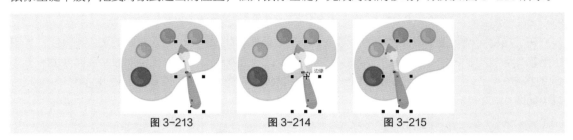

图 3-213　　　　　　图 3-214　　　　　　图 3-215

选取要移动的对象，按键盘上的方向键可以微调对象的位置，使用默认值时，对象将以 0.1mm 的增量移动。选择"选择"工具 后不选取任何对象，在属性栏中的 ✛ 0.1 mm 数值框中可以重新设定每次微调时对象移动的距离。

2. 使用属性栏移动对象

选取要移动的对象，在属性栏的"对象位置"数值框 X: 92.0 mm Y: 83.5 mm 中输入对象要移动到的新位置的横坐标和纵坐标，按 Enter 键即可移动对象。

3. 使用"变换"泊坞窗移动对象

选取要移动的对象，如图 3-216 所示。在"变换"泊坞窗中单击"位置"按钮 ✛，切换到相应的设置区，如图 3-217 所示。"X"表示对象所在位置的横坐标，"Y"表示对象所在位置的纵坐标。如果勾选"相对位置"复选框，对象将相对于原位置的中心进行移动。

在"变换"泊坞窗中设置好需要的数值，如图 3-218 所示。单击"应用"按钮，或按 Enter 键，完成对象的移动，效果如图 3-219 所示。

图 3-216　　　　　图 3-217　　　　　　图 3-218　　　　　图 3-219

设置好数值后，将"副本"选项设置为 1，可以在移动的新位置复制一个新的对象。

3.4.4 对象的镜像

设计作品时经常会用到镜像效果。在 CorelDRAW 2020 中，可以使用多种方法使对象沿水平、垂直或对角线的方向镜像。

1. 使用鼠标镜像对象

选择"选择"工具 ，选取要镜像的对象，如图 3-220 所示。按住鼠标左键将控制手柄向相对的边的方向拖曳，直到显示对象的蓝色虚线框，如图 3-221 所示。松开鼠标左键就可以得到不规则的镜像对象，如图 3-222 所示。

按住 Ctrl 键，直接拖曳左边或右边中间的控制手柄到相对的边，可以实现保持原对象比例的水平镜像，如图 3-223 所示。按住 Ctrl 键，直接拖曳上边或下边中间的控制手柄到相对的边，可以实现保持原对象比例的垂直镜像，如图 3-224 所示。按住 Ctrl 键，直接拖曳边角上的控制手柄到相对的边角，可以实现保持原对象比例的沿对角线方向的镜像，如图 3-225 所示。

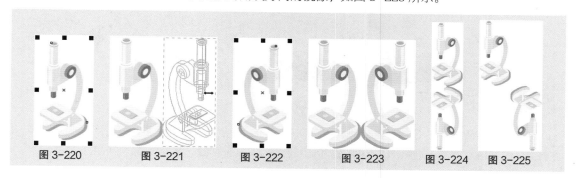

图 3-220　　　图 3-221　　　图 3-222　　　图 3-223　　　图 3-224　　图 3-225

提示　在镜像的过程中，只能使对象本身产生镜像。如果想产生图 3-223、图 3-224 和图 3-225 所示的效果，就要在镜像的位置复制一个对象。方法很简单，在松开鼠标左键之前按鼠标右键，就可以在镜像的位置复制一个对象。

2．使用属性栏镜像对象

选取要镜像的对象，如图 3-226 所示，属性栏如图 3-227 所示。

单击属性栏中的"水平镜像"按钮，可以使对象沿水平方向镜像；单击"垂直镜像"按钮，可以使对象沿垂直方向镜像。

3．使用"变换"泊坞窗镜像对象

选取要镜像的对象，在"变换"泊坞窗中，

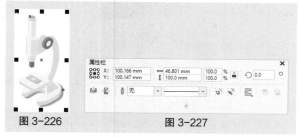

图 3-226　　　　　　　图 3-227

单击"缩放和镜像"按钮，切换到相应的设置区，单击"水平镜像"按钮，可以使对象沿水平方向镜像。单击"垂直镜像"按钮，可以使对象沿垂直方向镜像。设置好需要的数值，单击"应用"按钮即可看到镜像效果。

还可以通过设置生成一个变形的镜像对象。在"变换"泊坞窗中设置好需要的数值，如图 3-228 所示。单击"应用"按钮，生成一个变形的镜像对象，效果如图 3-229 所示。

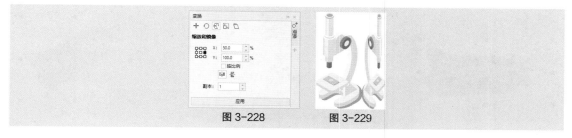

图 3-228　　　　　图 3-229

3.4.5　对象的旋转

1．使用鼠标旋转对象

使用"选择"工具选取要旋转的对象，对象的周围出现控制手柄。再次单击对象，这时对象的周围出现旋转控制手柄（如 ✔ ）和倾斜控制手柄（如 ↔ ），如图 3-230 所示。

　　将鼠标指针移动到旋转控制手柄上，这时鼠标指针变为旋转图标 ↻ ，如图 3-231 所示。按住鼠标左键，拖曳鼠标旋转对象，旋转时对象上会出现蓝色的线框指示旋转方向和角度，如图 3-232 所示。旋转到需要的角度后，松开鼠标左键，完成对象的旋转，效果如图 3-233 所示。

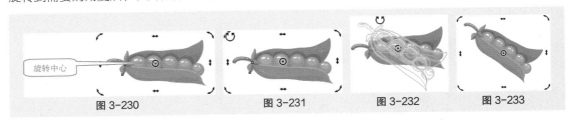

<table>
<tr><td>图 3-230</td><td>图 3-231</td><td>图 3-232</td><td>图 3-233</td></tr>
</table>

　　对象是围绕旋转中心 ⊙ 旋转的，默认的旋转中心 ⊙ 是对象的中心点，将鼠标指针移动到旋转中心上，按住鼠标左键拖曳旋转中心 ⊙ 到适当的位置，松开鼠标左键，完成对旋转中心的移动。

2. 使用属性栏旋转对象

　　选取要旋转的对象，如图 3-234 所示。在属性栏中的"旋转角度"数值框 ↻ 0.0 ° 中设置角度数值为 30，如图 3-235 所示。按 Enter 键，完成对象的旋转，效果如图 3-236 所示。

<table>
<tr><td>图 3-234</td><td>图 3-235</td><td>图 3-236</td></tr>
</table>

3. 使用"变换"泊坞窗旋转对象

　　选取要旋转的对象，如图 3-237 所示。在"变换"泊坞窗中单击"旋转"按钮 ↻ ，切换到相应的设置区，如图 3-238 所示。

　　在"变换"泊坞窗的"角度"数值框中直接输入旋转角度数值，旋转角度数值既可以是正值，也可以是负值。在"中"设置区中输入旋转中心的坐标位置。勾选"相对中心"复选框，对象将以选中的点为旋转中心进行旋转。

　　在"变换"泊坞窗中设置好需要的数值，如图 3-239 所示。单击"应用"按钮，完成对象的旋转，效果如图 3-240 所示。

<table>
<tr><td>图 3-237</td><td>图 3-238</td><td>图 3-239</td><td>图 3-240</td></tr>
</table>

3.4.6　对象的倾斜

1. 使用鼠标倾斜对象

　　使用"选择"工具 ▶ 选取要倾斜变形的对象，对象的周围出现控制手柄。再次单击对象，这时对象的周围出现旋转控制手柄和倾斜控制手柄，如图 3-241 所示。

将鼠标指针移动到倾斜控制手柄上，鼠标指针变为倾斜图标 ⇄，如图 3-242 所示。按住鼠标左键，拖曳鼠标变形对象，倾斜变形时对象上会出现蓝色的线框指示倾斜变形的方向和角度，如图 3-243 所示。倾斜到需要的角度后，松开鼠标左键，完成对象的倾斜变形，效果如图 3-244 所示。

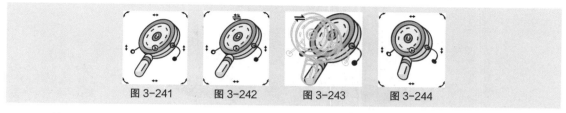

图 3-241　　　　　图 3-242　　　　　图 3-243　　　　　图 3-244

2. 使用"变换"泊坞窗倾斜对象

选取要倾斜变形的对象，如图 3-245 所示。在"变换"泊坞窗中单击"倾斜"按钮 ▱，切换到相应的设置区，如图 3-246 所示。"X"用于设置一个角度以水平倾斜对象，"Y"用于设置一个角度以垂直倾斜对象。如果勾选"使用锚点"复选框，对象将相对于定义锚点进行倾斜。

在"变换"泊坞窗中设置好需要的数值，如图 3-247 所示。单击"应用"按钮，对象产生倾斜变形，效果如图 3-248 所示。

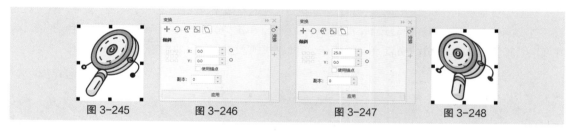

图 3-245　　　　　图 3-246　　　　　图 3-247　　　　　图 3-248

3.4.7　对象的复制

1. 使用命令复制对象

使用"选择"工具 ▶ 选取要复制的对象，如图 3-249 所示。选择"编辑 > 复制"命令，或按 Ctrl+C 组合键，复制的对象将被放置在剪贴板中。选择"编辑 > 粘贴"命令，或按 Ctrl+V 组合键，复制的对象将被粘贴到原对象的上面，位置和原对象是相同的。拖曳对象，可以显示原对象，如图 3-250 所示。

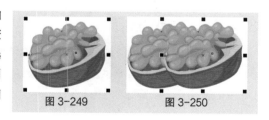

图 3-249　　　　　图 3-250

> **提示**　选择"编辑 > 剪切"命令，或按 Ctrl+X 组合键，将从绘图页面中删除对象并将其放置在剪贴板中。

2. 使用鼠标拖曳方式复制对象

选取要复制的对象，如图 3-251 所示。将鼠标指针移动到对象的中心点上，鼠标指针变为十字箭头形状 ✛，如图 3-252 所示。按住鼠标左键拖曳对象到适当的位置，如图 3-253 所示。单击鼠标右键，完成对象的复制，效果如图 3-254 所示。

选取要复制的对象，按住鼠标右键拖曳对象到适当的位置，松开鼠标右键后，在弹出的快捷菜单中选择"复制"命令，如图 3-255 所示，完成对象的复制，效果如图 3-256 所示。

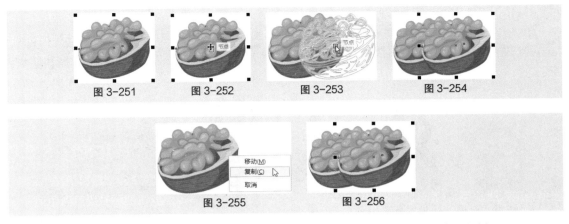

图 3-251　　　　　图 3-252　　　　　图 3-253　　　　　图 3-254

图 3-255　　　　　　　　图 3-256

使用"选择"工具 ▶ 选取要复制的对象，在数字键盘上按 + 键，可以快速复制对象。

> **技巧**　可以在两个不同的绘图页面中复制对象。按住鼠标左键拖曳其中一个绘图页面中的对象到另一个绘图页面中，在松开鼠标左键前单击鼠标右键即可复制对象。

3．使用命令复制对象属性

选取要复制属性的对象，如图 3-257 所示。选择"编辑 > 复制属性自"命令，弹出"复制属性"对话框，在该对话框中勾选"填充"复选框，如图 3-258 所示。单击"OK"按钮，鼠标指针变为黑色箭头形状，在要粘贴属性的对象上单击，如图 3-259 所示，完成对象属性的复制，效果如图 3-260 所示。

图 3-257　　　　　　图 3-258　　　　　　　图 3-259　　　　　　图 3-260

3.4.8　对象的删除

在 CorelDRAW 2020 中，可以方便快捷地删除对象。下面介绍如何删除不需要的对象。

使用"选择"工具 ▶ 选取要删除的对象，选择"编辑 > 删除"命令，如图 3-261 所示，或按 Delete 键，可以将选取的对象删除。

图 3-261

提示　如果想删除多个或全部的对象，首先要选取这些对象，再执行"删除"命令或按 Delete 键。

3.5　课堂练习——绘制送餐车图标

【练习知识要点】使用图形绘制工具、"焊接"按钮、"形状"工具、"移除前面对象"按钮和"轮廓笔"工具绘制车身和车轮，使用"手绘"工具、"轮廓笔"对话框、"矩形"工具绘制车头和大灯，效果如图 3-262 所示。

【效果所在位置】云盘 \Ch03\ 效果 \ 绘制送餐车图标 .cdr。

微课

绘制送餐车
图标

图 3-262

3.6　课后习题——绘制卡通小狐狸

【习题知识要点】使用"椭圆形"工具、"贝塞尔"工具、"焊接"按钮绘制耳朵，使用"椭圆形"工具、"矩形"工具、"星形"工具和"移除前面对象"按钮绘制面部和身体，使用"矩形"工具、"圆角半径"选项、"形状"泊坞窗和"渐变填充"按钮绘制尾巴，使用"文本"工具创建文本，效果如图 3-263 所示。

【效果所在位置】云盘 \Ch03\ 效果 \ 绘制卡通小狐狸 .cdr。

微课

绘制卡通
小狐狸

图 3-263

第 4 章

基础绘图

▶ 本章介绍

本章将讲解 CorelDRAW 2020 中基础绘图工具的使用方法，并详细讲解使用"形状"泊坞窗编辑图形的方法。通过本章的学习，读者可以更好地掌握绘制基本图形和修整图形的方法，为绘制出更复杂的作品打好基础。

学习目标
- 掌握基本图形的绘制方法。
- 熟练掌握修整功能的应用。

第 4 章简介

技能目标
- 掌握南天竹插画的绘制方法。
- 掌握计算器图标的绘制方法。

素质目标
- 培养学生的基础绘画能力。
- 培养学生的手眼协调能力。

4.1 绘制基本图形

使用 CorelDRAW 2020 的基础绘图工具可以绘制简单的几何图形。通过本节的讲解和练习，读者可以初步掌握 CorelDRAW 2020 基础绘图工具的特性，为今后绘制更复杂、更优质的图形打下坚实的基础。

4.1.1 课堂案例——绘制南天竹插画

【案例学习目标】学习使用基本绘图工具绘制南天竹插画。

【案例知识要点】使用"导入"命令导入素材图片，使用"多边形"工具、"旋转角度"选项、"透明度"工具、"常见的形状"工具、"椭圆形"工具绘制花盆，使用"2点线"工具、"椭圆形"工具、"水平镜像"按钮、"复杂星形"按钮绘制南天竹，南天竹插画效果如图 4-1 所示。

【效果所在位置】云盘 \Ch04\ 效果 \ 绘制南天竹插画 .cdr。

图 4-1

（1）按 Ctrl+N 组合键，弹出"创建新文档"对话框，设置文档的"宽度"为 200 mm，"高度"为 200 mm，"方向"为横向，"原色模式"为"CMYK"，"分辨率"为 300 dpi，单击"OK"按钮，创建一个文档。

（2）按 Ctrl+I 组合键，弹出"导入"对话框，选择云盘中的"Ch04\ 素材 \ 绘制南天竹插画 \01"文件，单击"导入"按钮，在页面中单击导入图片。选择"选择"工具 ▶，拖曳图片到适当的位置，并调整其大小，效果如图 4-2 所示。

（3）选择"多边形"工具 ○，属性栏中的设置如图 4-3 所示。按住 Ctrl 键的同时，在适当的位置绘制一个多边形，效果如图 4-4 所示。在属性栏中的"旋转角度"数值框 ○ 0.0 中设置数值为 90，按 Enter 键，效果如图 4-5 所示。在 CMYK 调色板中的"青"色块上单击，填充图形，并去除图形的轮廓线，效果如图 4-6 所示。

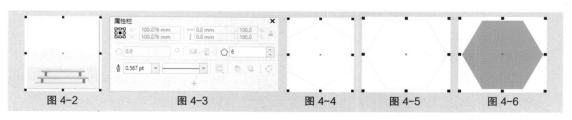

图 4-2　　　　图 4-3　　　　图 4-4　　　　图 4-5　　　　图 4-6

（4）选择"透明度"工具 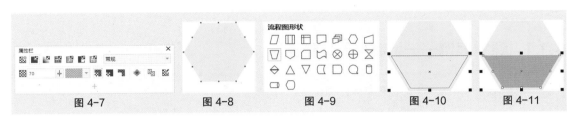，在属性栏中单击"均匀透明度"按钮 ，其他选项的设置如图4-7所示。按 Enter 键，透明效果如图4-8所示。

（5）选择"常见的形状"工具 ，在属性栏中单击"常用形状"按钮 ，在弹出的下拉菜单中选择需要的流程图形状，如图4-9所示。在适当的位置绘制图形，效果如图4-10所示。在 CMYK 调色板中的"青"色块上单击，填充图形，并去除图形的轮廓线，效果如图4-11所示。

图4-7　　　　图4-8　　　　图4-9　　　　图4-10　　　　图4-11

（6）选择"矩形"工具 ，在适当的位置绘制一个矩形，在属性栏中将"圆角半径"选项均设为 2.2 mm，如图4-12所示。按 Enter 键，效果如图4-13所示。在 CMYK 调色板中的"青"色块上单击，填充图形，并去除图形的轮廓线，效果如图4-14所示。

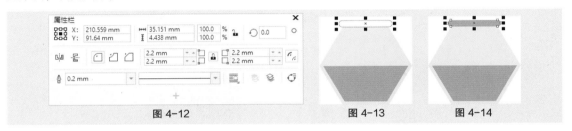

图4-12　　　　图4-13　　　　图4-14

（7）按数字键盘上的 + 键，复制圆角矩形。选择"选择"工具 ，按住 Shift 键的同时，垂直向下拖曳复制的圆角矩形到适当的位置，效果如图4-15所示。

（8）选择"椭圆形"工具 ，按住 Ctrl 键的同时，在适当的位置绘制一个圆形，设置图形颜色的 CMYK 值为（0、20、100、0），填充图形，并去除图形的轮廓线，效果如图4-16所示。

（9）按数字键盘上的 + 键，复制圆形。选择"选择"工具 ，按住 Shift 键的同时，水平向右拖曳复制的圆形到适当的位置，效果如图4-17所示。连续按 Ctrl+D 组合键，按需要再复制两个圆形，效果如图4-18所示。

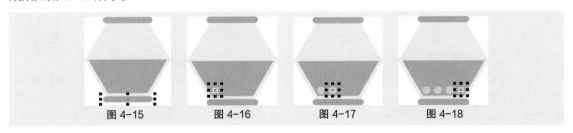

图4-15　　　　图4-16　　　　图4-17　　　　图4-18

（10）选择"星形"工具 ，属性栏中的设置如图4-19所示。按住 Ctrl 键的同时，在适当的位置绘制一个星形，效果如图4-20所示。

（11）选择"窗口 > 泊坞窗 > 角"命令，弹出"角"泊坞窗，各选项的设置如图4-21所示。单击"应用"按钮，效果如图4-22所示。设置图形颜色的 CMYK 值为（0、20、100、0），填充图形，并去除图形的轮廓线，效果如图4-23所示。选择"选择"工具 ，用圈选的方法将所绘制的图形同时选取，按 Ctrl+G 组合键，将其群组，效果如图4-24所示。

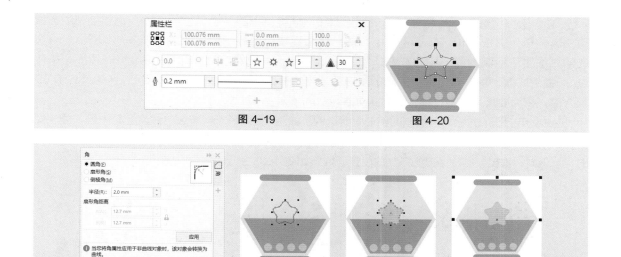

图 4-19　　　　　　　　　图 4-20

图 4-21　　　图 4-22　　　图 4-23　　　图 4-24

（12）选择"2 点线"工具 /，按住 Ctrl 键的同时，在适当的位置绘制一条直线段，如图 4-25 所示。按 F12 键，弹出"轮廓笔"对话框，在"颜色"选项中设置轮廓线颜色的 CMYK 值为（46、2、76、0），其他选项的设置如图 4-26 所示。单击"OK"按钮，效果如图 4-27 所示。

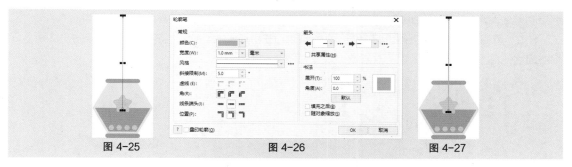

图 4-25　　　　　　　　图 4-26　　　　　　　　图 4-27

（13）选择"椭圆形"工具 ○，按住 Ctrl 键的同时，在适当的位置绘制一个圆形，设置图形颜色的 CMYK 值为（0、89、94、0），填充图形，并去除图形的轮廓线，效果如图 4-28 所示。

（14）选择"2 点线"工具 /，按住 Ctrl 键的同时，在适当的位置绘制一条斜线，如图 4-29 所示。按 F12 键，弹出"轮廓笔"对话框，在"颜色"选项中设置轮廓线颜色的 CMYK 值为（46、2、76、0），其他选项的设置如图 4-30 所示。单击"OK"按钮，效果如图 4-31 所示。

图 4-28　图 4-29　　　　　　图 4-30　　　　　　图 4-31

（15）选择"选择"工具 ▶，选取圆形，按数字键盘上的 + 键，复制圆形。拖曳复制的圆形到适当的位置，按 Shift+PageUp 组合键，将圆形置于图层前面，效果如图 4-32 所示。用圈选的方法将所绘制的图形同时选取，如图 4-33 所示。按数字键盘上的 + 键，复制图形。按住 Shift 键的同时，垂直向下拖曳复制的图形到适当的位置，效果如图 4-34 所示。连续按 Ctrl+D 组合键，按需要再复制多个图形，效果如图 4-35 所示。

（16）用圈选的方法将所绘制的图形同时选取，如图 4-36 所示。按数字键盘上的 + 键，复制图形。单击属性栏中的"水平镜像"按钮 ⊞，水平镜像图形，效果如图 4-37 所示。按住 Shift 键的同时，水平向右拖曳复制的图形到适当的位置，效果如图 4-38 所示。

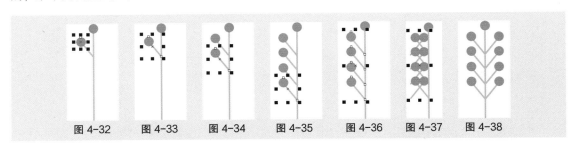

图 4-32　　图 4-33　　图 4-34　　图 4-35　　图 4-36　　图 4-37　　图 4-38

（17）用圈选的方法将所绘制的图形同时选取，按 Ctrl+G 组合键，将其群组，如图 4-39 所示。按 Shift+PageDown 组合键，将图形向后移至适当的位置，效果如图 4-40 所示。用相同的方法分别绘制其他图形，并填充相应的颜色，效果如图 4-41 所示。

（18）用圈选的方法将所绘制的图形同时选取，按 Ctrl+G 组合键，将其群组，如图 4-42 所示。将群组后的图形拖曳到页面适当的位置，效果如图 4-43 所示。

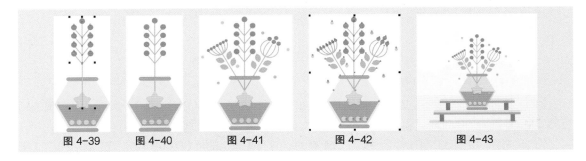

图 4-39　　　　图 4-40　　　　图 4-41　　　　图 4-42　　　　图 4-43

（19）选择"星形"工具 ☆，在属性栏中单击"复杂星形"按钮 ✿，其他选项的设置如图 4-44 所示。按住 Ctrl 键的同时，在适当的位置绘制一个复杂星形，设置图形颜色的 CMYK 值为（0、20、100、0），填充图形，并去除图形的轮廓线，效果如图 4-45 所示。南天竹插画绘制完成，效果如图 4-46 所示。

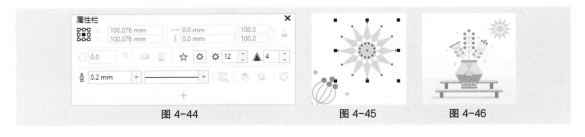

图 4-44　　　　　　　　图 4-45　　　　　图 4-46

4.1.2 "2 点线"工具

选择"2 点线"工具 ✏，在绘图页面中单击以确定直线的起点，鼠标指针变为十字形✛图标，拖曳鼠标到终点位置，如图 4-47 所示。松开鼠标左键，一条直线段绘制完成，如图 4-48 所示。"2 点线"工具属性栏如图 4-49 所示。

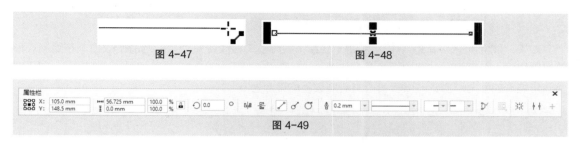

图 4-47   图 4-48

图 4-49

"2 点线工具"按钮 ✏：用于绘制一条连接起点和终点的直线段。

"垂直 2 点线"按钮 ✎：用于绘制一条与现有的线条或对象垂直的 2 点线。

"相切的 2 点线"按钮 ◯：用于绘制一条与现有的线条或对象相切的 2 点线。

4.1.3 "矩形"与"3 点矩形"工具

1. 绘制矩形

选择"矩形"工具 □，在绘图页面中按住鼠标左键不放，拖曳鼠标到适当的位置，松开鼠标左键，完成矩形的绘制，如图 4-50 所示。"矩形"工具属性栏如图 4-51 所示。

按 Esc 键，取消选取该矩形，效果如图 4-52 所示。选择"选择"工具 ▶，在矩形上单击，选择刚绘制好的矩形。

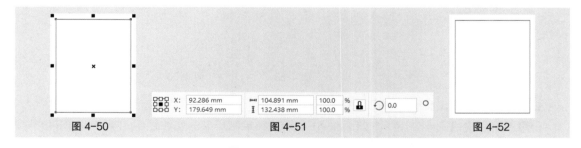

图 4-50   图 4-51   图 4-52

按 F6 键，快速选择"矩形"工具 □，可在绘图页面中适当的位置绘制矩形。

按住 Ctrl 键，可在绘图页面中绘制正方形。

按住 Shift 键，可在绘图页面中以当前点为中心绘制矩形。

按住 Shift+Ctrl 组合键，可在绘图页面中以当前点为中心绘制正方形。

> **技巧** 双击工具箱中的"矩形"工具 □，可以绘制出一个和绘图页面大小一样的矩形。

2. 使用"矩形"工具绘制圆角矩形

在绘图页面中绘制一个矩形，如图 4-53 所示。在绘制矩形的属性栏中，如果"同时编辑所有角"按钮的图标为 🔒，则改变"圆角半径"时，4 个角的圆滑度数值将进行相同的改变。设置"圆角半径"，如图 4-54 所示。按 Enter 键，效果如图 4-55 所示。

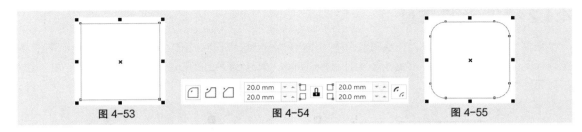

如果"同时编辑所有角"按钮的图标为 ██，则可以单独改变一个角的圆滑度数值。在绘制矩形的属性栏中，分别设置"圆角半径"，如图 4-56 所示。按 Enter 键，效果如图 4-57 所示。如果要将圆角矩形还原为矩形，可以将 4 个圆滑度数值均设定为 0。

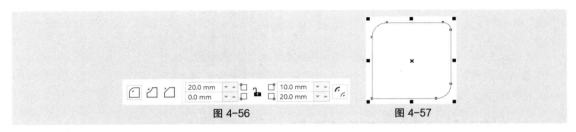

3. 使用鼠标拖曳矩形节点绘制圆角矩形

绘制一个矩形。按 F10 键，快速选择"形状"工具 ▶，选中矩形边角的节点，如图 4-58 所示。按住鼠标左键拖曳矩形边角的节点，可以改变边角的圆滑程度，如图 4-59 所示。松开鼠标左键，圆角矩形的效果如图 4-60 所示。

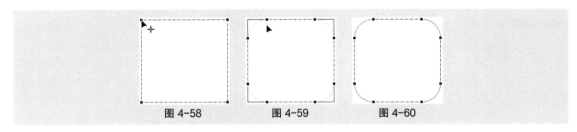

4. 使用"矩形"工具绘制扇形角图形

在绘图页面中绘制一个矩形，如图 4-61 所示。在绘制矩形的属性栏中，单击"扇形角"按钮 ▢，设置"圆角半径"，如图 4-62 所示。按 Enter 键，效果如图 4-63 所示。

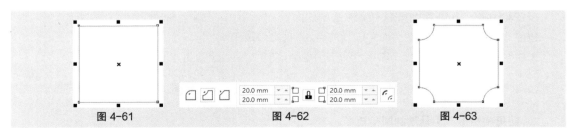

5. 使用"矩形"工具绘制倒棱角图形

在绘图页面中绘制一个矩形，如图 4-64 所示。在绘制矩形的属性栏中，单击"倒棱角"按钮 ▢，设置"圆角半径"，如图 4-65 所示。按 Enter 键，效果如图 4-66 所示。

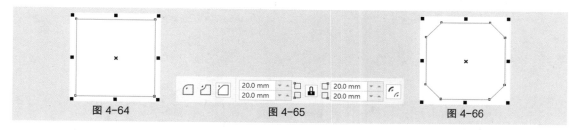

图 4-64　　　　　　　　　　　图 4-65　　　　　　　　　　　图 4-66

6. 使用"相对角缩放"按钮调整图形

在绘图页面中绘制一个圆角矩形，属性栏和效果如图 4-67 所示。在绘制矩形的属性栏中，单击"相对角缩放"按钮，拖曳控制手柄调整图形的大小，圆角半径将根据图形的调整进行改变，属性栏和效果如图 4-68 所示。

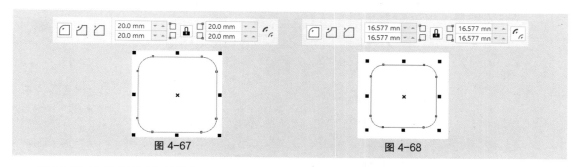

图 4-67　　　　　　　　　　　　　　图 4-68

当图形为扇形角图形和倒棱角图形时，调整的效果与圆角矩形相同。

7. 绘制任意角度放置的矩形

选择"矩形"工具□展开工具栏中的"3 点矩形"工具，在绘图页面中按住鼠标左键不放，拖曳鼠标到适当的位置，可沿任意方向绘制出一条线段作为矩形的一条边，如图 4-69 所示。松开鼠标左键，再拖曳鼠标到适当的位置，即可确定矩形的另 3 条边，如图 4-70 所示。单击即可完成倾斜放置的矩形的绘制，效果如图 4-71 所示。

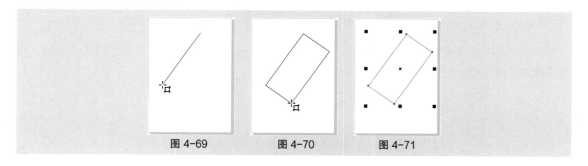

图 4-69　　　　　　　　图 4-70　　　　　　　　图 4-71

4.1.4　"椭圆形"与"3 点椭圆形"工具

1. 绘制椭圆形

选择"椭圆形"工具○，在绘图页面中按住鼠标左键不放，拖曳鼠标到适当的位置，松开鼠标左键，椭圆形绘制完成，如图 4-72 所示，"椭圆形"工具属性栏如图 4-73 所示。按住 Ctrl 键，在绘图页面中可以绘制圆形，如图 4-74 所示。

按 F7 键，快速选择"椭圆形"工具○，可在绘图页面中适当的位置绘制椭圆形。

图 4-72　　　　　　　　图 4-73　　　　　　　　　　图 4-74

按住 Shift 键，可在绘图页面中以当前点为中心绘制椭圆形。

按住 Shift+Ctrl 组合键，可在绘图页面中以当前点为中心绘制圆形。

2. 使用"椭圆形"工具绘制饼形和弧形

绘制一个圆形，如图 4-75 所示。单击"椭圆形"工具属性栏中的"饼形"按钮 ，如图 4-76 所示，可将椭圆形转换为饼形，效果如图 4-77 所示。

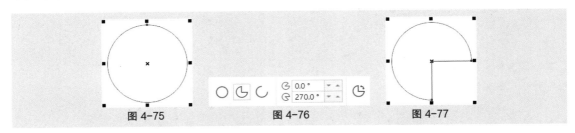

图 4-75　　　　　　　　图 4-76　　　　　　　　图 4-77

单击"椭圆形"工具属性栏中的"弧形"按钮 ，如图 4-78 所示，可将椭圆形转换为弧形，效果如图 4-79 所示。

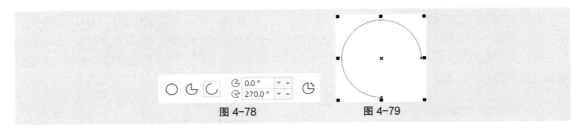

图 4-78　　　　　　　　　　图 4-79

在"起始和结束角度"数值框 中设置饼形和弧形起始角度和终止角度，按 Enter 键，可以获得饼形和弧形角度的精确值，如图 4-80 所示。

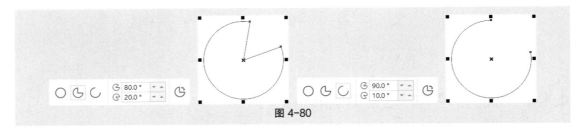

图 4-80

技巧　在椭圆形处于选中状态的情况下，在"椭圆形"工具属性栏中，单击"饼形"按钮 或"弧形"按钮 ，可以使图形在饼形和弧形之间转换。单击属性栏中的"更改方向"按钮 ，可以将饼形或弧形进行 180°的镜像。

3. 拖曳椭圆形的节点来绘制饼形和弧形

选择"椭圆形"工具 ◯，绘制一个圆形。按 F10 键，快速选择"形状"工具 ⬑，在轮廓线的节点上按住鼠标左键不放，如图 4-81 所示。向圆形内拖曳节点，如图 4-82 所示。松开鼠标左键，圆形变成饼形，效果如图 4-83 所示。向圆形外拖曳轮廓线上的节点，可使圆形变成弧形。

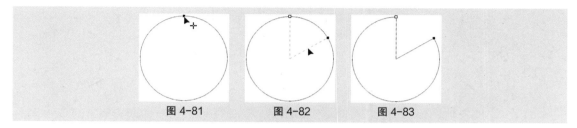

图 4-81　　　　　图 4-82　　　　　图 4-83

4. 绘制任意角度放置的椭圆形

选择"椭圆形"工具 ◯ 展开工具栏中的"3 点椭圆形"工具 ⬭，在绘图页面中按住鼠标左键不放，拖曳鼠标到适当的位置，可沿任意方向绘制一条线段作为椭圆形的一个轴，如图 4-84 所示。松开鼠标左键，再拖曳鼠标到适当的位置，即可确定椭圆形的形状，如图 4-85 所示。单击即可完成倾斜放置的椭圆形的绘制，如图 4-86 所示。

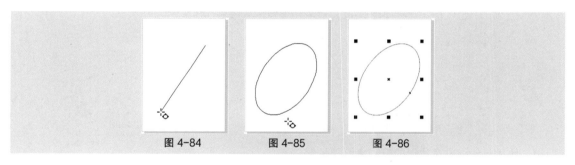

图 4-84　　　　　图 4-85　　　　　图 4-86

4.1.5 "多边形"工具

选择"多边形"工具 ⬠，在绘图页面中按住鼠标左键不放，拖曳鼠标到适当的位置，松开鼠标左键，多边形绘制完成，如图 4-87 所示。"多边形"工具属性栏如图 4-88 所示。

在"多边形"工具属性栏中的"点数或边数"数值框 ⬠ 5 ⬍ 中设置数值为 9，如图 4-89 所示。按 Enter 键，多边形效果如图 4-90 所示。

图 4-87　　　　　　　　图 4-88　　　　　　　　图 4-90

图 4-89

4.1.6 "星形"工具与"复杂星形"按钮

1. 绘制简单星形

选择"多边形"工具 ◯ 展开工具栏中的"星形"工具 ☆，在绘图页面中按住鼠标左键不放，拖曳鼠标到适当的位置，松开鼠标左键，星形绘制完成，如图4-91所示。"星形"工具属性栏如图4-92所示。

在"星形"工具属性栏中的"点数或边数"数值框☆ 5 ⬚中设置数值为8，如图4-93所示。按Enter键，星形效果如图4-94所示。

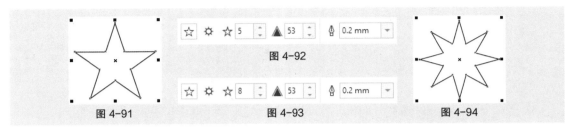

图 4-91 图 4-92 图 4-93 图 4-94

2. 绘制复杂星形

在"星形"工具属性栏中单击"复杂星形"按钮⚙，在绘图页面中按住鼠标左键不放，拖曳鼠标到适当的位置，松开鼠标左键，复杂星形绘制完成，如图4-95所示。属性栏如图4-96所示。

在属性栏中的"点数或边数"数值框⚙ 9 ⬚中设置数值为12，在"锐度"数值框▲ 2 ⬚中设置数值为3，如图4-97所示。按Enter键，复杂星形效果如图4-98所示。

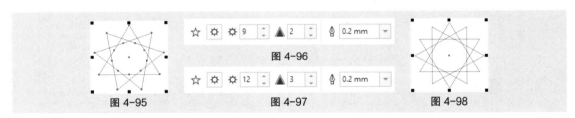

图 4-95 图 4-96 图 4-97 图 4-98

3. 使用鼠标拖曳多边形的节点来绘制星形

绘制一个多边形，如图4-99所示。选择"形状"工具 ⬚，在轮廓线的节点上按住鼠标左键不放，如图4-100所示。向多边形内或外拖曳，如图4-101所示，可以将多边形变为星形，效果如图4-102所示。

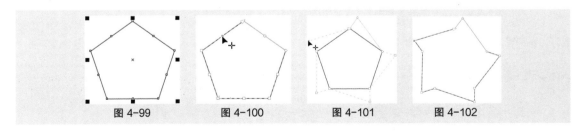

图 4-99 图 4-100 图 4-101 图 4-102

4.1.7 "螺纹"工具

1. 绘制对称螺纹

选择"螺纹"工具 ⬚，在绘图页面中按住鼠标左键不放，从左上角向右下角拖曳鼠标到适当的位置，松开鼠标左键，对称螺纹绘制完成，如图4-103所示。"螺纹"工具属性栏如图4-104所示。

如果从右下角向左上角拖曳鼠标到适当的位置，可以绘制出反向的对称螺纹。在"螺纹回圈"数值框 ⬚ 4 ⬚中可以重新设定螺纹的圈数，从而绘制出需要的螺纹效果。

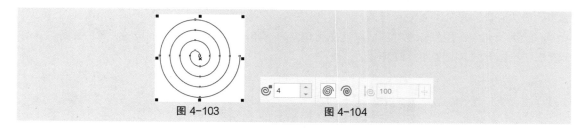

图 4-103 图 4-104

2. 绘制对数螺纹

选择"螺纹"工具 ◎，在属性栏中单击"对数螺纹"按钮 ◎，在绘图页面中按住鼠标左键不放，从左上角向右下角拖曳鼠标到适当的位置，松开鼠标左键，对数螺纹绘制完成，如图 4-105 所示。"螺纹"工具属性栏如图 4-106 所示。

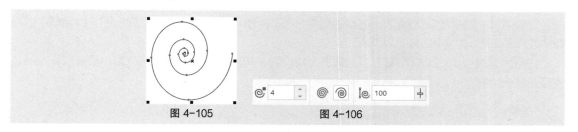

图 4-105 图 4-106

在 ¥ 100 + 中可以重新设定螺纹的扩展参数，将数值分别设定为 80 和 20 时，螺纹向外扩展的幅度会逐渐变小，如图 4-107 所示。当数值为 1 时，将绘制出对称螺纹。

按 A 键，快速选择"螺纹"工具 ◎，可在绘图页面中适当的位置绘制螺纹。

按住 Ctrl 键，可在绘图页面中绘制圆形螺纹。

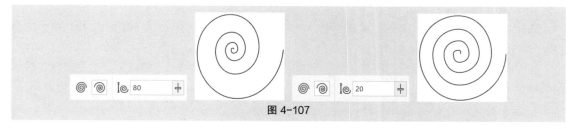

图 4-107

按住 Shift 键，可在绘图页面中以当前点为中心绘制螺纹。

按住 Shift+Ctrl 组合键，可在绘图页面中以当前点为中心绘制圆形螺纹。

4.1.8 常见形状的绘制与调整

1. 绘制基本形状

选择"常见的形状"工具 ⬡，在属性栏中单击"常用形状"按钮 □，在弹出的下拉菜单中选择需要的基本形状，如图 4-108 所示。

在绘图页面中按住鼠标左键不放，从左上角向右下角拖曳鼠标到适当的位置，松开鼠标左键，基本形状绘制完成，效果如图 4-109 所示。

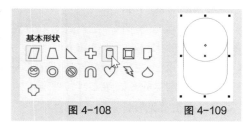

图 4-108 图 4-109

2. 绘制箭头形状

选择"常见的形状"工具 ⬡，在属性栏中单击"常用形状"按钮 □，在弹出的下拉菜单中选择需要的箭头形状，如图 4-110 所示。

在绘图页面中按住鼠标左键不放，从左上角向右下角拖曳鼠标到适当的位置，松开鼠标左键，箭头形状绘制完成，如图 4-111 所示。

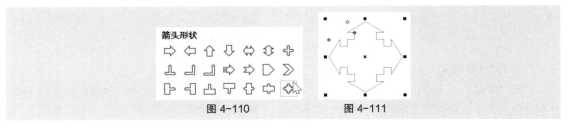

图 4-110　　　　　　　　图 4-111

3. 绘制流程图形状

选择"常见的形状"工具 ，在属性栏中单击"常用形状"按钮 □，在弹出的下拉菜单中选择需要的流程图形状，如图 4-112 所示。

在绘图页面中按住鼠标左键不放，从左上角向右下角拖曳鼠标到适当的位置，松开鼠标左键，流程图形状绘制完成，如图 4-113 所示。

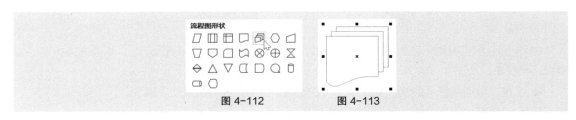

图 4-112　　　　　　　　图 4-113

4. 绘制条幅形状

选择"常见的形状"工具 ，在属性栏中单击"常用形状"按钮 □，在弹出的下拉菜单中选择需要的条幅形状，如图 4-114 所示。

在绘图页面中按住鼠标左键不放，从左上角向右下角拖曳鼠标到适当的位置，松开鼠标左键，条幅形状绘制完成，如图 4-115 所示。

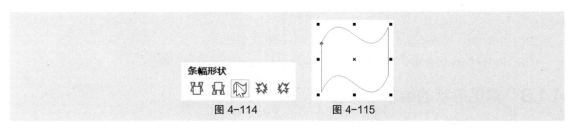

图 4-114　　　　　　　　图 4-115

5. 绘制标注形状

选择"常见的形状"工具 ，在属性栏中单击"常用形状"按钮 □，在弹出的下拉菜单中选择需要的标注形状，如图 4-116 所示。

在绘图页面中按住鼠标左键不放，从左上角向右下角拖曳鼠标到适当的位置，松开鼠标左键，标注形状绘制完成，如图 4-117 所示。

6. 调整常见形状

绘制一个标注形状，如图 4-118 所示。在图形左下角的红色菱形上按住鼠标左键不放将其拖曳到适当的位置，如图 4-119 所示。得到需要的形状后，松开鼠标左键，效果如图 4-120 所示。

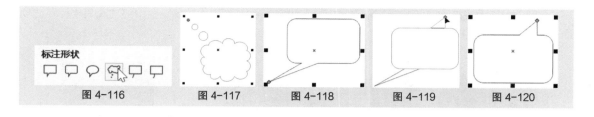

图 4-116 图 4-117 图 4-118 图 4-119 图 4-120

提示 由于流程图形状中没有红色菱形，所以不能对流程图形状进行调整。

4.2 修整图形

在 CorelDRAW 2020 中，修整功能是编辑图形对象非常重要的手段。使用修整功能中的"焊接""修剪""相交""简化"等功能可以创建出复杂的全新图形。

4.2.1 课堂案例——绘制计算器图标

【案例学习目标】学习使用图形绘制工具、"形状"泊坞窗绘制计算器图标。

【案例知识要点】使用"矩形"工具、"圆角半径"选项、"移除前面对象"按钮、"水平镜像"按钮、"垂直镜像"按钮、"文本"工具和"透明度"工具绘制计算器机身、显示屏和按钮，使用"阴影"工具为按钮添加投影效果，计算器图标效果如图 4-121 所示。

【效果所在位置】云盘 \Ch04\ 效果 \ 绘制计算器图标 .cdr。

图 4-121

1. 绘制计算器机身和显示屏

（1）按 Ctrl+N 组合键，弹出"创建新文档"对话框，设置文档的"宽度"为 1024 px，"高度"为 1024 px，"方向"为纵向，"原色模式"为"RGB"，"分辨率"为 72 dpi，单击"OK"按钮，创建一个文档。

（2）双击"矩形"工具□，绘制一个与页面大小相等的矩形，如图 4-122 所示。设置图形颜色的 RGB 值为（95、42、119），填充图形，并去除图形的轮廓线，效果如图 4-123 所示。

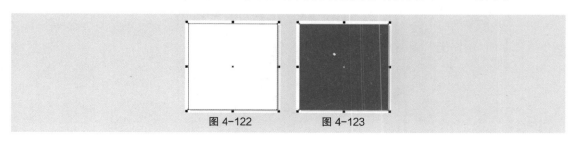

图 4-122 图 4-123

（3）使用"矩形"工具□再绘制一个矩形，如图 4-124 所示。在属性栏中将"圆角半径"选项均设为 50 px，如图 4-125 所示。按 Enter 键，效果如图 4-126 所示。

图 4-124　　　　　　　　　图 4-125　　　　　　　　　图 4-126

（4）按 F12 键，弹出"轮廓笔"对话框，在"颜色"选项中设置轮廓线颜色的 RGB 值为（81、28、99），其他选项的设置如图 4-127 所示。单击"OK"按钮，效果如图 4-128 所示。

图 4-127　　　　　　　　　　　　　　图 4-128

（5）设置图形颜色的 RGB 值为（240、82、29），填充图形，效果如图 4-129 所示。选择"阴影"工具▢，在属性栏中单击"预设列表"选项，在弹出的下拉列表中选择"平面左下"选项，其他选项的设置如图 4-130 所示。按 Enter 键，效果如图 4-131 所示。

图 4-129　　　　　　　　　图 4-130　　　　　　　　　图 4-131

（6）选择"选择"工具▸，选择圆角矩形，按数字键盘上的 + 键，复制圆角矩形。按住 Shift 键的同时，垂直向上拖曳复制的圆角矩形到适当的位置，效果如图 4-132 所示。设置图形颜色的 RGB 值为（251、161、46），填充图形，效果如图 4-133 所示。

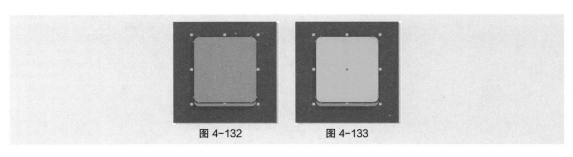

图 4-132　　　　　　　　　图 4-133

（7）按数字键盘上的 + 键，复制圆角矩形。垂直向下微调复制的圆角矩形到适当的位置，效果如图 4-134 所示。设置图形颜色的 RGB 值为（252、114、68），填充图形，并去除图形的轮廓线，效果如图 4-135 所示。按 Ctrl+PageDown 组合键，将图形向后移一层，效果如图 4-136 所示。

图 4-134　　　　　　　　　图 4-135　　　　　　　　　图 4-136

（8）选择"选择"工具 ，选择最上方的圆角矩形，按数字键盘上的 + 键，复制圆角矩形，如图 4-137 所示。设置图形颜色的 RGB 值为（251、148、53），填充图形，并去除图形的轮廓线，效果如图 4-138 所示。

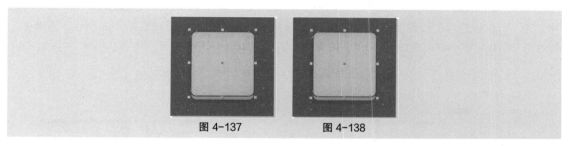

图 4-137　　　　　　　　　图 4-138

（9）按数字键盘上的 + 键，复制圆角矩形。水平向右微调复制的圆角矩形到适当的位置，填充图形为白色，效果如图 4-139 所示。按住 Shift 键的同时，单击左侧原图形将其同时选取，如图 4-140 所示。单击属性栏中的"移除前面对象"按钮 ，将两个图形剪切为一个图形，效果如图 4-141 所示。

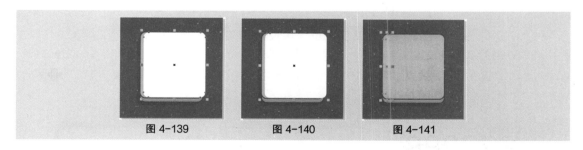

图 4-139　　　　　　　　　图 4-140　　　　　　　　　图 4-141

（10）按数字键盘上的 + 键，复制图形。单击属性栏中的"水平镜像"按钮 ，水平镜像图形，效果如图 4-142 所示。选择"选择"工具 ，按住 Shift 键的同时，水平向右拖曳镜像的图形到适当的位置，效果如图 4-143 所示。设置图形颜色的 RGB 值为（255、180、48），填充图形，效果如图 4-144 所示。

（11）选择"矩形"工具 ，在适当的位置绘制一个矩形，如图 4-145 所示。在属性栏中将"圆角半径"选项均设为 10 px。按 Enter 键，效果如图 4-146 所示。

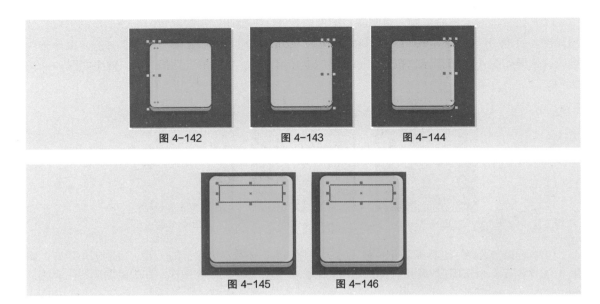

图 4-142　　　　　　　　　图 4-143　　　　　　　　　图 4-144

图 4-145　　　　　　图 4-146

（12）按 F12 键，弹出"轮廓笔"对话框，在"颜色"选项中设置轮廓线颜色的 RGB 值为（81、28、99），其他选项的设置如图 4-147 所示。单击"OK"按钮，效果如图 4-148 所示。设置图形颜色的 RGB 值为（165、243、255），填充图形，效果如图 4-149 所示。

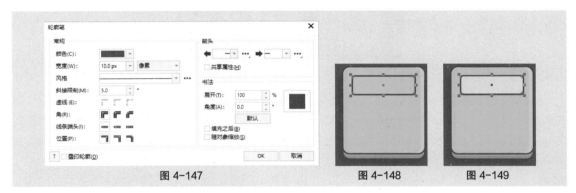

图 4-147　　　　　　　　　　　　　　　图 4-148　　　　　　图 4-149

（13）选择"文本"工具**字**，在适当的位置输入需要的文字。选择"选择"工具，在属性栏中选取适当的字体并设置文字大小，效果如图 4-150 所示。设置文字颜色的 RGB 值为（143、203、224），填充文字，效果如图 4-151 所示。选择"形状"工具，向右拖曳文字下方的图标，调整文字的间距，效果如图 4-152 所示。

图 4-150　　　　　　　　　图 4-151　　　　　　　　　图 4-152

（14）选择"选择"工具，按 Ctrl+Q 组合键，将文字转换为曲线，如图 4-153 所示。按 Ctrl+K 组合键，拆分曲线。按住 Shift 键的同时，依次单击最后两个数字"8"中需要的笔画将其同时选取，如图 4-154 所示。设置选取部分的文字颜色的 RGB 值为（81、28、99），填充文字，效果如图 4-155 所示。

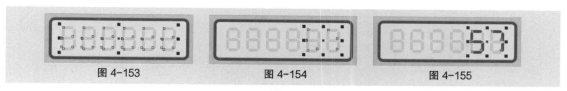

图 4-153　　　　　　　　　图 4-154　　　　　　　　　图 4-155

（15）选取下方圆角矩形，按 Ctrl+C 组合键，复制图形，按 Ctrl+V 组合键，将复制的图形原位粘贴，效果如图 4-156 所示。填充图形为白色，并去除图形的轮廓线，效果如图 4-157 所示。向上拖曳圆角矩形下边中间的控制手柄到适当的位置，调整其大小，效果如图 4-158 所示。

图 4-156　　　　　　　　　图 4-157　　　　　　　　　图 4-158

（16）保持图形的选取状态。在属性栏中将"圆角半径"选项设为 10 px、10 px、0 px、0 px，如图 4-159 所示。按 Enter 键，效果如图 4-160 所示。

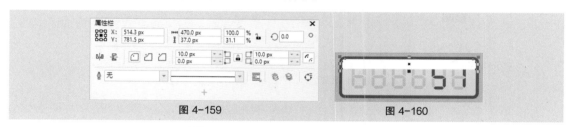

图 4-159　　　　　　　　　　　　　　图 4-160

（17）选择"透明度"工具■，在属性栏中单击"均匀透明度"按钮■，其他选项的设置如图 4-161 所示。按 Enter 键，效果如图 4-162 所示。

图 4-161　　　　　　　　　　　　　　图 4-162

2. 绘制计算器按钮

（1）选择"矩形"工具□，在适当的位置绘制一个矩形，如图 4-163 所示。在属性栏中将"圆角半径"选项均设为 10 px。按 Enter 键，效果如图 4-164 所示。

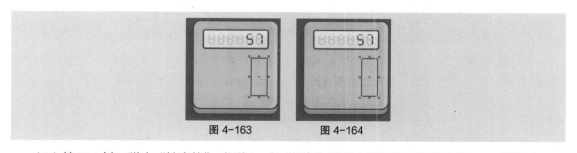

图 4-163　　　　　　　　　图 4-164

（2）按 F12 键，弹出"轮廓笔"对话框，在"颜色"选项中设置轮廓线颜色的 RGB 值为（81、28、99），其他选项的设置如图 4-165 所示。单击"OK"按钮，效果如图 4-166 所示。设置图形颜色的 RGB 值为（141、45、237），填充图形，效果如图 4-167 所示。

图 4-165　　　　　　　　图 4-166　　　　图 4-167

（3）选择"阴影"工具，在属性栏中单击"预设列表"选项，在弹出的下拉列表中选择"平面左下"选项，其他选项的设置如图 4-168 所示。按 Enter 键，效果如图 4-169 所示。

图 4-168　　　　　　　　　　图 4-169

（4）选择"选择"工具，选择圆角矩形，按数字键盘上的 + 键，复制圆角矩形，如图 4-170 所示。设置图形颜色的 RGB 值为（122、24、219），填充图形，并去除图形的轮廓线，效果如图 4-171 所示。

（5）按数字键盘上的 + 键，复制圆角矩形。微调复制的圆角矩形到适当的位置，填充图形为白色，效果如图 4-172 所示。按住 Shift 键的同时，单击左侧原图形将其同时选取，如图 4-173 所示。单击属性栏中的"移除前面对象"按钮，将两个图形剪切为一个图形，效果如图 4-174 所示。

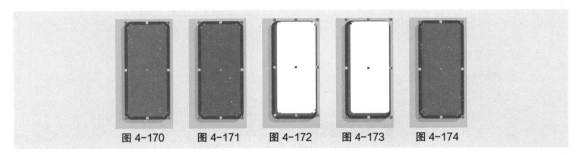

图 4-170　　　图 4-171　　　图 4-172　　　图 4-173　　　图 4-174

（6）按数字键盘上的 + 键，复制剪切后的图形。在属性栏中分别单击"水平镜像"按钮和"垂直镜像"按钮，镜像图形，效果如图 4-175 所示。填充图形为白色，效果如图 4-176 所示。

（7）选择"形状"工具，编辑状态如图 4-177 所示。在适当的位置分别双击，添加 4 个节点，如图 4-178 所示。

（8）按住 Shift 键的同时，用圈选的方法将不需要的节点同时选取，如图 4-179 所示。按 Delete 键，删除选中的节点，如图 4-180 所示。按住 Ctrl 键的同时，依次单击刚刚添加的 4 个节点，如图 4-181 所示。在属性栏中单击"转换为线条"按钮，将曲线段转换为直线段，如图 4-182 所示。选择"选择"工具，拖曳图形到适当的位置，效果如图 4-183 所示。

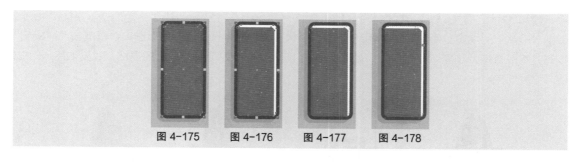

图 4-175　　　图 4-176　　　图 4-177　　　图 4-178

图 4-179　　　图 4-180　　　图 4-181　　　图 4-182　　　图 4-183

（9）选择"文本"工具**字**，在适当的位置输入需要的文字。选择"选择"工具 ▶，在属性栏中选取适当的字体并设置文字大小，效果如图 4-184 所示。设置文字颜色的 RGB 值为（81、28、99），填充文字，效果如图 4-185 所示。用相同的方法分别制作"＋""－""×""÷"按钮，效果如图 4-186 所示。

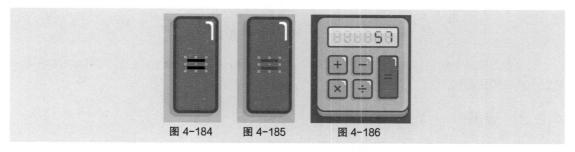

图 4-184　　　　图 4-185　　　　图 4-186

（10）计算器图标绘制完成，效果如图 4-187 所示。将图标应用在手机中，会自动变为圆角遮罩图标，呈现出圆角效果，如图 4-188 所示。

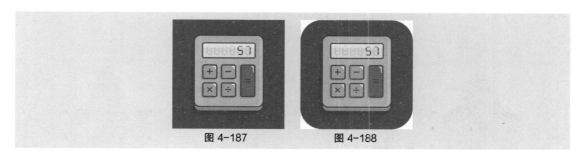

图 4-187　　　　　图 4-188

4.2.2　焊接

焊接是将几个对象结合成一个对象，新的对象轮廓由被焊接的对象边界组成，被焊接对象的交叉线都会消失。

使用"选择"工具 选中要焊接的对象，如图4-189所示。选择"窗口 > 泊坞窗 > 形状"命令，弹出"形状"泊坞窗，如图4-190所示。在"形状"泊坞窗中选择"焊接"选项，再单击"焊接到"按钮，将鼠标指针移至目标对象上，如图4-191所示。单击即可完成对象的焊接，效果如图4-192所示。

图4-189　　　　图4-190　　　　图4-191　　　　图4-192

在进行焊接操作之前，可以在"形状"泊坞窗中勾选"保留原始源对象"和"保留原目标对象"复选框，如图4-193所示。这样在焊接对象时，原始源对象和原目标对象都将被保留，效果如图4-194所示。"保留原始源对象"和"保留原目标对象"对"修剪"和"相交"功能也适用。

图4-193　　　　　　　　　　图4-194

选择要焊接的对象后，选择"对象 > 造型 > 合并"命令，或单击属性栏中的"焊接"按钮 ，可以完成对象的焊接。

4.2.3　修剪

修剪是将原目标对象与原始源对象的相交部分裁掉，使原目标对象的形状被更改。修剪后的原目标对象保留其填充和轮廓属性。

使用"选择"工具 选中原始源对象，如图4-195所示。在"形状"泊坞窗中选择"修剪"选项，如图4-196所示。单击"修剪"按钮，将鼠标指针移至原目标对象上，如图4-197所示。单击即可完成对象的修剪，效果如图4-198所示。

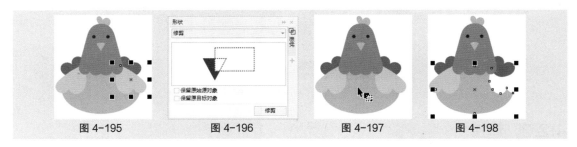

图4-195　　　　图4-196　　　　图4-197　　　　图4-198

选择"对象 > 造型 > 修剪"命令，或单击属性栏中的"修剪"按钮 ，也可以完成修剪，原始源对象和被修剪的原目标对象会同时存在于绘图页面中。

> 提示 圈选多个对象时，最底层的对象是原目标对象。按住 Shift 键，选择多个对象时，最后选中的对象是原目标对象。

4.2.4 相交

相交是将两个或两个以上对象的相交部分保留，使相交的部分成为一个新的对象。新对象的填充和轮廓属性与原目标对象相同。

使用"选择"工具 ▶ 选中原始源对象，如图 4-199 所示。在"形状"泊坞窗中选择"相交"选项，如图 4-200 所示。单击"相交对象"按钮，将鼠标指针移至原目标对象上，如图 4-201 所示。单击即可完成对象的相交，效果如图 4-202 所示。

图 4-199 图 4-200 图 4-201 图 4-202

选择"对象 > 造型 > 相交"命令，或单击属性栏中的"相交"按钮 ⬚ ，也可以完成相交。原始源对象、原目标对象以及相交后的新对象同时存在于绘图页面中。

4.2.5 简化

简化是减去后面图形中与前面图形的重叠部分，并保留前面图形和后面图形状态的操作。

使用"选择"工具 ▶ 选中两个相交的对象，如图 4-203 所示。在"形状"泊坞窗中选择"简化"选项，如图 4-204 所示。单击"应用"按钮，完成对象的简化，效果如图 4-205 所示。

图 4-203 图 4-204 图 4-205

选择"对象 > 造型 > 简化"命令，或单击属性栏中的"简化"按钮 ⬚ ，也可以完成对象的简化。

4.2.6 移除后面对象

移除后面对象会减去后面图形以及前后图形的重叠部分，并保留前面图形的剩余部分。

使用"选择"工具 ▶ 选中两个相交的对象，如图 4-206 所示。在"形状"泊坞窗中选择"移除后面对象"选项，如图 4-207 所示。单击"应用"按钮，移除后面对象，效果如图 4-208 所示。

图 4-206   图 4-207   图 4-208

选择"对象 > 造型 > 移除后面对象"命令，或单击属性栏中的"移除后面对象"按钮 🔳，也可以完成移除后面对象的操作。

4.2.7　移除前面对象

移除前面对象会减去前面图形以及前后图形的重叠部分，并保留后面图形的剩余部分。

使用"选择"工具 ▶ 选中两个相交的对象，如图 4-209 所示。在"形状"泊坞窗中选择"移除前面对象"选项，如图 4-210 所示。单击"应用"按钮，移除前面对象，效果如图 4-211 所示。

选择"对象 > 造型 > 移除前面对象"命令，或单击属性栏中的"移除前面对象"按钮 🔳，也可以完成移除前面对象的操作。

图 4-209   图 4-210   图 4-211

4.2.8　边界

边界功能用于创建一个围绕着所选对象的新对象。

使用"选择"工具 ▶ 选中要创建边界的对象，如图 4-212 所示。在"形状"泊坞窗中选择"边界"选项，如图 4-213 所示。单击"应用"按钮，边界效果如图 4-214 所示。

图 4-212   图 4-213   图 4-214

选择"对象 > 造型 > 边界"命令，或单击属性栏中的"创建边界"按钮 🔳，也可以完成图形的共同边界的创建。

4.3 课堂练习——绘制花灯插画

【练习知识要点】使用"矩形"工具、"常见的形状"工具、"形状"工具、"转换为曲线"按钮、"椭圆形"工具、"垂直镜像"按钮绘制花灯插画，效果如图 4-215 所示。

【效果所在位置】云盘 \Ch04\ 效果 \ 绘制花灯插画 .cdr。

图 4-215

4.4 课后习题——绘制卡通猫咪

【习题知识要点】使用"椭圆形"工具、"矩形"工具、"3 点矩形"工具、"移除前面对象"按钮、"合并"按钮和"贝塞尔"工具绘制猫咪头部和身体，使用"3 点椭圆形"工具、"移除前面对象"按钮、"折线"工具和"形状"工具绘制猫咪五官、腿和尾巴，效果如图 4-216 所示。

【效果所在位置】云盘 \Ch04\ 效果 \ 绘制卡通猫咪 .cdr。

图 4-216

05

第5章

高级绘图

▶ 本章介绍

　　CorelDRAW 2020 提供了多种绘制和编辑曲线的方法，以及使用多个用来排列和组合图形对象的命令和工具。通过本章的学习，读者可以更好地掌握绘制和编辑曲线的技巧，为绘制出更精致的图形打好基础，还可以自如地排列和组合图形对象，轻松完成制作任务。

学习目标

- 了解曲线的概念。
- 掌握手绘图形和路径绘图的方法。
- 掌握编辑曲线的技巧。
- 掌握组合和合并对象的方法。
- 掌握对齐和分布对象的方法。
- 掌握对象的排序方法。

第5章简介

技能目标

- 掌握环境保护 App 引导页的制作方法。
- 掌握风筝插画的绘制方法。
- 掌握民间剪纸海报的制作方法。

素质目标

- 培养学生不惧困难的学习精神。
- 培养学生精益求精的工作作风。

5.1　手绘图形

在 CorelDRAW 2020 中绘制的作品都是由几何对象构成的，而几何对象的构成元素是直线段和曲线段。通过学习绘制直线段和曲线段，读者可以进一步掌握 CorelDRAW 2020 强大的手绘功能。

5.1.1　课堂案例——制作保护环境 App 引导页

【案例学习目标】学习使用手绘图形工具制作环境保护 App 引导页。

【案例知识要点】使用"艺术笔"工具、"水平镜像"按钮和"旋转角度"选项绘制狐狸、树和树叶图形，使用"椭圆形"工具绘制阴影，环境保护 App 引导页效果如图 5-1 所示。

【效果所在位置】云盘 \Ch05\ 效果 \ 制作保护环境 App 引导页 .cdr。

图 5-1

（1）按 Ctrl+O 组合键，打开云盘中的"Ch05\ 素材 \ 制作保护环境 App 引导页 \01"文件，如图 5-2 所示。

（2）选择"艺术笔"工具 ，单击属性栏中的"喷涂"按钮 ，在"类别"下拉列表中选择"其它"，如图 5-3 所示。在"喷射图样"下拉列表中选择需要的图样，如图 5-4 所示。在页面外拖曳鼠标绘制图样，效果如图 5-5 所示。

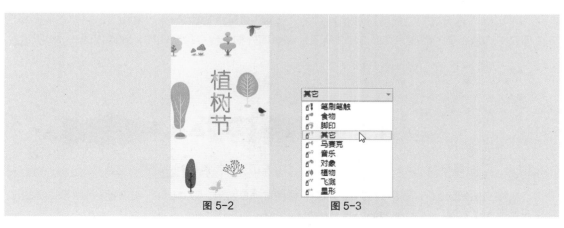

图 5-2　　　　　　图 5-3

图 5-4   图 5-5

（3）按 Ctrl+K 组合键，拆分艺术笔群组，如图 5-6 所示。按 Ctrl+U 组合键，取消图样群组。选择"选择"工具 ▶，用圈选的方法选取不需要的图样，如图 5-7 所示。按 Delete 键，将其删除，效果如图 5-8 所示。

图 5-6   图 5-7   图 5-8

（4）选择"选择"工具 ▶，选中并拖曳狐狸图样到页面中适当的位置，调整其大小，效果如图 5-9 所示。单击属性栏中的"水平镜像"按钮 ⬌，水平镜像图形，效果如图 5-10 所示。

（5）选择"椭圆形"工具 ◯，在适当的位置绘制一个椭圆形，设置图形颜色的 RGB 值为（226、220、169），填充图形，并去除图形的轮廓线，效果如图 5-11 所示。按 Ctrl+PageDown 组合键，将图形向后移一层，效果如图 5-12 所示。

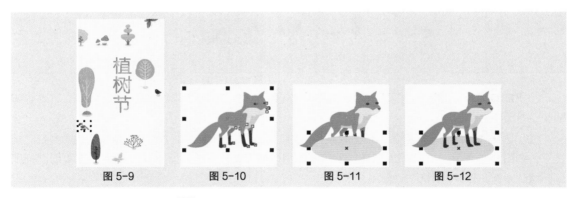

图 5-9   图 5-10   图 5-11   图 5-12

（6）选择"艺术笔"工具 ⬀，在属性栏的"类别"下拉列表中选择"植物"，在"喷射图样"下拉列表中选择需要的图样，如图 5-13 所示。在页面外拖曳鼠标绘制图样，效果如图 5-14 所示。

图 5-13   图 5-14

（7）按 Ctrl+K 组合键，拆分艺术笔群组，如图 5-15 所示。按 Ctrl+U 组合键，取消图样群组。选择"选择"工具 ▶，选取需要的图样，如图 5-16 所示。

图 5-15   图 5-16

（8）选择"选择"工具 ↖，拖曳图样到页面中适当的位置，并调整其大小，效果如图 5-17 所示。用相同的方法拖曳其他图样到页面中适当的位置，并调整其大小，效果如图 5-18 所示。

图 5-17   图 5-18

（9）选择"椭圆形"工具 ○，在适当的位置分别绘制两个椭圆形，如图 5-19 所示。选择"选择"工具 ↖，将绘制的椭圆形同时选取，设置图形颜色的 RGB 值为（226、220、169），填充图形，并去除图形的轮廓线，效果如图 5-20 所示。连续按 Ctrl+PageDown 组合键，将图形向后移至适当的位置，效果如图 5-21 所示。

图 5-19   图 5-20   图 5-21

（10）选择"艺术笔"工具 ⌇，在属性栏的"喷射图样"下拉列表中选择需要的图样，如图 5-22 所示。在页面外拖曳鼠标绘制图样，效果如图 5-23 所示。

图 5-22   图 5-23

（11）按 Ctrl+K 组合键，拆分艺术笔群组，如图 5-24 所示。按 Ctrl+U 组合键，取消图样群组。选择"选择"工具 ↖，选取需要的图样，如图 5-25 所示。

（12）选择"选择"工具 ↖，拖曳图样到页面中适当的位置，并调整其大小，效果如图 5-26 所示。在属性栏中的"旋转角度"数值框 ○ 0.0 °中设置数值为 34。按 Enter 键，效果如图 5-27 所示。

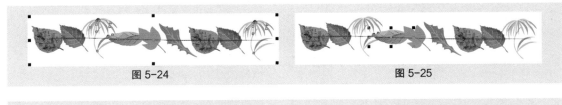

图 5-24　　　　　　　　　　　　　　　　　图 5-25

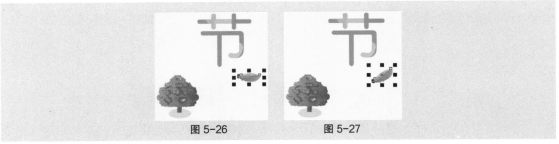

图 5-26　　　　　　　　　图 5-27

（13）用相同的方法拖曳其他图样到页面中适当的位置，并调整其大小，效果如图 5-28 所示。保护环境 App 引导页制作完成，效果如图 5-29 所示。

图 5-28　　　　　　　　　　　图 5-29

5.1.2　"手绘"工具

1. 绘制直线

选择"手绘"工具 ，在绘图页面中单击以确定直线段的起点，鼠标指针变为十字形图标 ，如图 5-30 所示。移动鼠标指针到直线段的终点位置后，再次单击，一条直线段绘制完成，如图 5-31 所示。

选择"手绘"工具 ，在绘图页面中单击以确定直线式闭合图形的起点，在绘制过程中，确定其他节点时都要双击，在要闭合的终点上单击，完成直线式闭合图形的绘制，效果如图 5-32 所示。

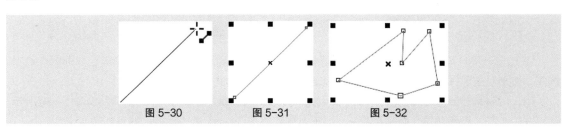

图 5-30　　　　　　　　图 5-31　　　　　　　　图 5-32

2. 绘制曲线

选择"手绘"工具 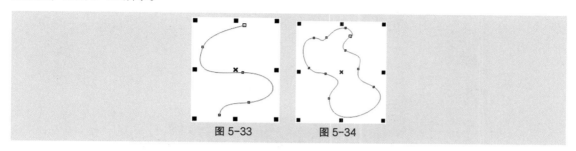，在绘图页面中按住鼠标左键并拖曳鼠标绘制需要的曲线，松开鼠标左键，一条曲线绘制完成，效果如图 5-33 所示。拖曳鼠标，使曲线的起点和终点重合，一条闭合的曲线绘制完成，如图 5-34 所示。

图 5-33 图 5-34

3. 绘制直线和曲线的混合图形

使用"手绘"工具可以在绘图页面中绘制出直线和曲线的混合图形，其具体操作步骤如下。

（1）选择"手绘"工具 ，在绘图页面中按住鼠标左键并拖曳鼠标绘制需要的曲线，松开鼠标左键，一条曲线绘制完成，如图 5-35 所示。

（2）在要继续绘制直线段的节点上单击确定直线段的起点，如图 5-36 所示。再移动鼠标指针并在适当的位置单击，可以绘制出一条直线段，效果如图 5-37 所示。

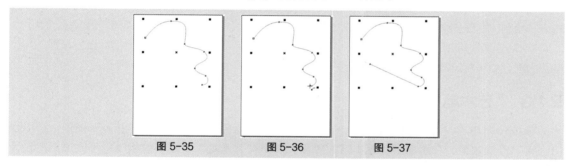

图 5-35 图 5-36 图 5-37

（3）将鼠标指针放在要继续绘制曲线的节点上，如图 5-38 所示。按住鼠标左键不放拖曳鼠标绘制需要的曲线，松开鼠标左键后图形绘制完成，效果如图 5-39 所示。

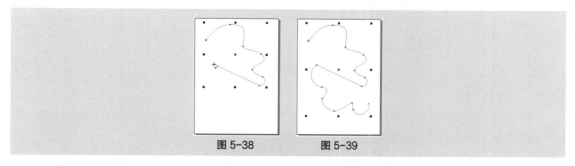

图 5-38 图 5-39

4. 设置"手绘"工具的属性

在 CorelDRAW 2020 中，可以根据不同的情况来设定"手绘"工具的属性以提高工作效率。下面介绍设置"手绘"工具属性的方法。

双击"手绘"工具 ，弹出"选项"对话框，如图 5-40 所示。在该对话框中的"手绘 / 贝塞尔曲线"设置区中可以设置"手绘"工具的属性。

图 5-40

"手绘平滑"选项用于设置手绘过程中曲线的平滑程度，它决定了绘制出的曲线和鼠标指针移动轨迹的匹配程度。设定的数值可以为 0 ～ 100，不同的数值会有不同的绘制效果。数值设置得越小，平滑的程度越低；数值设置得越大，平滑的程度越高。

"边角阈值"选项用于设置边角节点的平滑程度。数值越大，边角节点处越尖；数值越小，边角节点处越平滑。

"直线阈值"选项用于设置手绘曲线相对于直线的偏移量。"边角阈值"和"直线阈值"的数值越大，绘制的曲线越接近直线。

"自动连结"选项用于设置在绘图时两个端点自动连接的接近程度。当鼠标指针接近设置的半径范围内时，曲线将自动连接成封闭的曲线。

5.1.3 "艺术笔"工具

在 CorelDRAW 2020 中，使用"艺术笔"工具可以绘制出多种精美的线条和图形，可以模仿画笔的真实效果，在画面中产生丰富的变化。使用"艺术笔"工具可以绘制出不同风格的设计作品。

选择"艺术笔"工具🖊，其属性栏如图 5-41 所示。属性栏中包含 5 种模式，分别是"预设"模式🞜、"笔刷"模式🖌、"喷涂"模式🖋、"书法"模式🖊和"表达式"模式🖋。

图 5-41

1. "预设"模式

"预设"模式提供了多种线条类型，并且可以改变曲线的宽度。单击属性栏中"预设笔触"中的▾按钮，弹出其列表框，如图 5-42 所示。在该列表框中选择需要的线条类型。

在"手绘平滑"数值框🞜 100 🞜中输入数值或拖曳滑块可以调节绘图时线条的平滑程度。在"笔触宽度"数值框🞜 10.0 mm 🞜中输入数值可以设置曲线的宽度。选择"预设"模式和线条类型后，鼠标指针变为🖊图标，在绘图页面中按住鼠标左键并拖曳，可以绘制出封闭的线条图形。

2. "笔刷"模式

"笔刷"模式提供了多种颜色样式的画笔，使用这些画笔可以绘制出漂亮的图形。

在属性栏中单击"笔刷"模式按钮🖌，单击属性栏中"笔刷笔触"中的▾按钮，弹出其列表框，如图 5-43 所示。在列表框中选择需要的笔刷类型，在绘图页面中按住鼠标左键并拖曳，可以绘制出需要的图形。

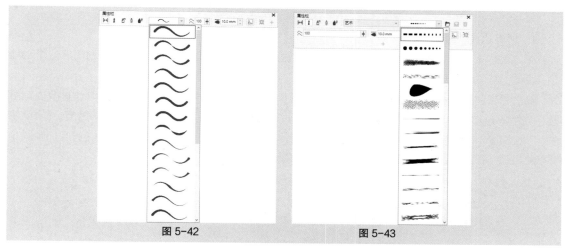

图 5-42　　　　　　　　　　　　　　　　图 5-43

3. "喷涂"模式

"喷涂"模式提供了多种有趣的图形对象，这些图形对象可以应用在曲线绘制上。

在属性栏中单击"喷涂"模式按钮 🔲，单击属性栏中"喷射图样"中的 ▾ 按钮，弹出其下拉列表，如图 5-44 所示，在该下拉列表中选择需要的喷涂类型。单击属性栏中"喷涂顺序"选项 顺序 ▾ 中的 ▾ 按钮，弹出下拉列表，如图 5-45 所示，可以选择喷出图形的顺序。选择"随机"选项，喷出的图形将会随机分布。选择"顺序"选项，喷出的图形将会以方形分布。选择"按方向"选项，喷出的图形将会随拖曳鼠标的路径分布。在绘图页面中按住鼠标左键并拖曳，可以绘制出需要的图形。

图 5-44　　　　　　　　　　　　　　　　图 5-45

4. "书法"模式

在"书法"模式下，可以模拟用书法笔书写的效果，可以改变曲线的粗细。

单击"书法"模式按钮 🔲，其属性栏如图 5-46 所示。在属性栏的"书法角度"数值框 ∠ 45.0 ▲▾ ° 中可以设置笔触和笔尖的角度。如果角度设为 0°，书法笔垂直方向画出的线条最粗，笔尖是水平的。如果角度设置为 90°，书法笔水平方向画出的线条最粗，笔尖是垂直的。在绘图页面中按住鼠标左键并拖曳绘制图形。

图 5-46

5. "表达式"模式

在"表达式"模式下，可以用压力感应笔或键盘输入的方式改变线条的粗细，利用好这个功能可以绘制出特殊的图形。

单击"表达式"模式按钮，其属性栏如图 5-47 所示。单击"笔压"按钮可通过改变笔触压力来改变笔尖大小。单击"笔倾斜"按钮可通过改变笔触倾斜程度来改变笔尖的平滑度。单击"笔方位"按钮可通过改变笔触方位来改变笔尖旋转角度。设置好压力感应笔的笔触的宽度、倾斜角和方位角后，在绘图页面中按住鼠标左键并拖曳绘制图形。

图 5-47

5.2 路径绘图

在 CorelDRAW 2020 中，可以通过路径绘图工具绘制曲线或图形，绘制完成后，还需要使用编辑曲线功能来完善图形，以达到设计方面的要求。

5.2.1 课堂案例——绘制风筝插画

【案例学习目标】学习使用路径绘图工具绘制风筝插画。

【案例知识要点】使用"多边形"工具、"旋转角度"选项、"椭圆形"工具、"贝塞尔"工具、"变换"泊坞窗、"形状"工具、"转换为曲线"按钮、"尖突节点"按钮、"焊接"按钮和"相交"选项等绘制风筝，风筝插画效果如图 5-48 所示。

图 5-48

【效果所在位置】云盘 \Ch05\ 效果 \ 绘制风筝插画 .cdr。

（1）按 Ctrl+N 组合键，弹出"创建新文档"对话框，设置文档的"宽度"为 200 mm，"高度"为 200 mm，"方向"为横向，"原色模式"为"CMYK"，"分辨率"为 300 dpi，单击"OK"按钮，创建一个文档。

（2）双击"矩形"工具□，绘制一个与页面大小相等的矩形，如图 5-49 所示。在 CMYK 调色板中的"朦胧绿"色块上单击，填充图形，并去除图形的轮廓线，效果如图 5-50 所示。

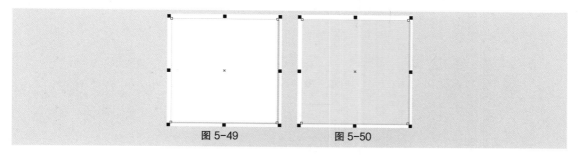

图 5-49　　　　　　　图 5-50

（3）选择"多边形"工具◯，属性栏中的设置如图 5-51 所示。按住 Ctrl 键的同时，在适当的位置绘制一个多边形，效果如图 5-52 所示。设置图形颜色的 CMYK 值为（0、40、60、0），填充图形，效果如图 5-53 所示。

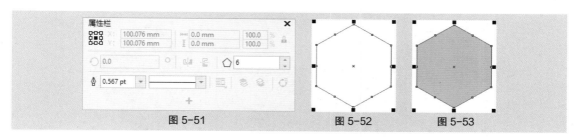

图 5-51　　　　　　　图 5-52　　　　　　　图 5-53

（4）按数字键盘上的 + 键，复制多边形。在属性栏中的"旋转角度"数值框 ⟳ 0.0 ° 中设置数值为 90，如图 5-54 所示。按 Enter 键，效果如图 5-55 所示。按 Ctrl+PageDown 组合键，将图形向后移一层，效果如图 5-56 所示。

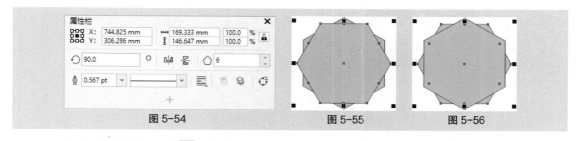

图 5-54　　　　　　　图 5-55　　　　　　　图 5-56

（5）选择"椭圆形"工具◯，按住 Ctrl 键的同时，在适当的位置绘制一个圆形，设置图形颜色的 CMYK 值为（0、40、60、0），填充图形，效果如图 5-57 所示。选择"选择"工具▲，按数字键盘上的 + 键，复制圆形，按住 Shift 键的同时，垂直向下拖曳复制的圆形到适当的位置，效果如图 5-58 所示。

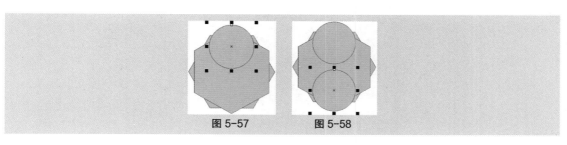

图 5-57　　　　　　　图 5-58

（6）用圈选的方法将所绘制的圆形同时选取，如图 5-59 所示。按数字键盘上的 + 键，复制圆形。在属性栏中的"旋转角度"数值框中设置数值为 90，如图 5-60 所示。按 Enter 键，效果如图 5-61 所示。

图 5-59　　　　　　　　　　　图 5-60　　　　　　　　　　　图 5-61

（7）使用"选择"工具，按住 Shift 键同时，单击原图形将其同时选取，如图 5-62 所示。选择"窗口 > 泊坞窗 > 变换"命令，弹出"变换"泊坞窗，单击"大小"按钮，各选项的设置如图 5-63 所示。单击"应用"按钮，效果如图 5-64 所示。

图 5-62　　　　　　　　　　　图 5-63　　　　　　　　　　　图 5-64

（8）选取上方需要的圆形，如图 5-65 所示。单击属性栏中的"转换为曲线"按钮，将图形转换为曲线，如图 5-66 所示。

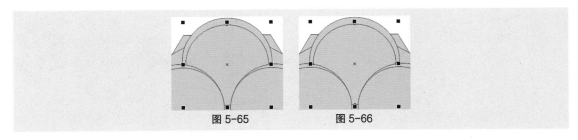

图 5-65　　　　　　　　　　　图 5-66

（9）选择"形状"工具，在适当的位置分别双击添加节点，效果如图 5-67 所示。选中并拖曳中间的节点到适当的位置，如图 5-68 所示。单击属性栏中的"尖突节点"按钮，分别拖曳节点的控制线到适当的位置，调整其弧度，效果如图 5-69 所示。

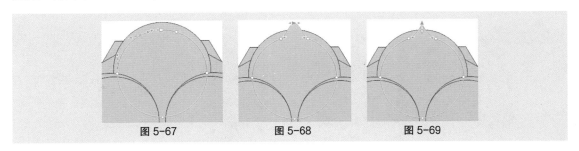

图 5-67　　　　　　　　　　　图 5-68　　　　　　　　　　　图 5-69

（10）用相同的方法分别调整其他圆形的节点，效果如图 5-70 所示。选择"选择"工具 ，按住 Shift 键的同时，依次单击调整节点后的图形将其同时选取，如图 5-71 所示。在属性栏中的"旋转角度"数值框中设置数值为 45，按 Enter 键，效果如图 5-72 所示。

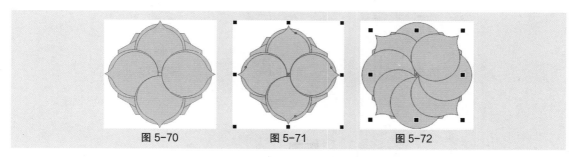

图 5-70　　　　　　　　图 5-71　　　　　　　　图 5-72

（11）用圈选的方法将所绘制的图形同时选取，如图 5-73 所示。单击属性栏中的"焊接"按钮 ，合并图形，效果如图 5-74 所示。

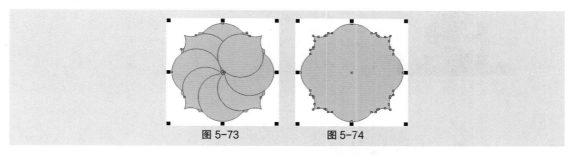

图 5-73　　　　　　　图 5-74

（12）拖曳合并图形到页面中适当的位置，按 F12 键，弹出"轮廓笔"对话框，在"颜色"选项中设置轮廓线颜色为白色，其他选项的设置如图 5-75 所示。单击"OK"按钮，效果如图 5-76 所示。

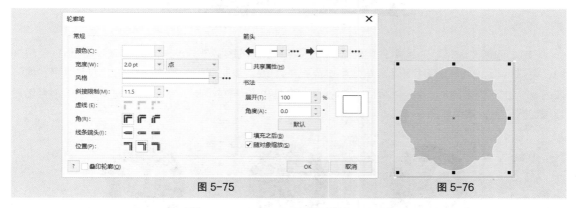

图 5-75　　　　　　　　　　　　　图 5-76

（13）选择"贝塞尔"工具 ，在适当的位置绘制一个不规则图形，如图 5-77 所示。设置图形颜色的 CMYK 值为（11、13、11、0），填充图形，并去除图形的轮廓线，效果如图 5-78 所示。用相同的方法绘制其他不规则图形，并填充相应的颜色，效果如图 5-79 所示。

（14）选择"椭圆形"工具 ，按住 Ctrl 键的同时，在适当的位置绘制一个圆形，设置图形颜色的 CMYK 值为（9、75、67、0），填充图形，效果如图 5-80 所示。按 F12 键，弹出"轮廓笔"对话框，在"颜色"选项中设置轮廓线颜色为黑色，其他选项的设置如图 5-81 所示。单击"OK"按钮，效果如图 5-82 所示。用相同的方法绘制其他圆形，并填充相应的颜色，效果如图 5-83 所示。

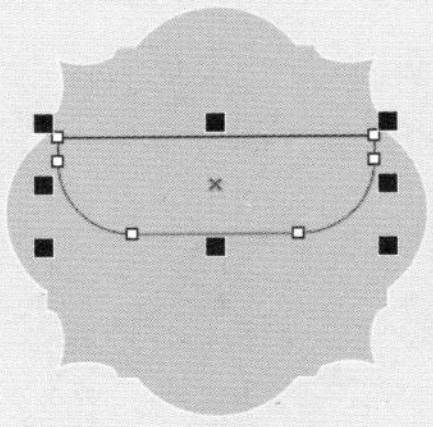

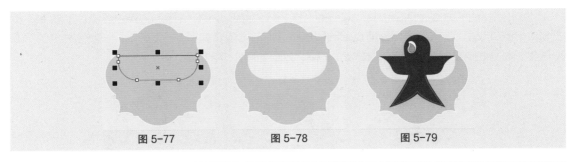

图 5-77

图 5-78

图 5-79

图 5-80

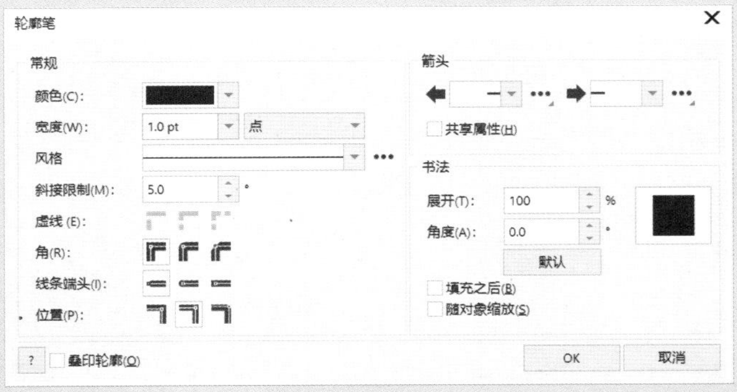

图 5-81

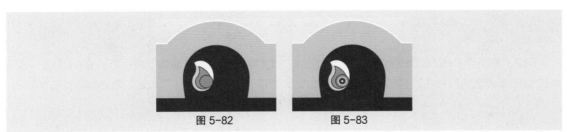

图 5-82

图 5-83

（15）选择“选择”工具，用圈选的方法将所绘制的眼睛部分图形同时选取，按 Ctrl+G 组合键，将其群组，如图 5-84 所示。按数字键盘上的 + 键，复制图形。单击属性栏中的“水平镜像”按钮，水平镜像图形，效果如图 5-85 所示。按住 Shift 键的同时，水平向右拖曳复制的组合图形到适当的位置，效果如图 5-86 所示。

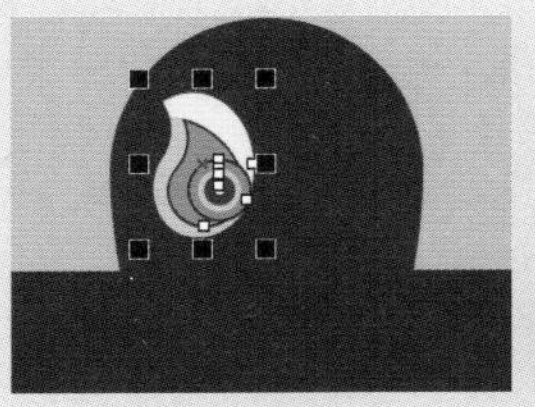

图 5-84

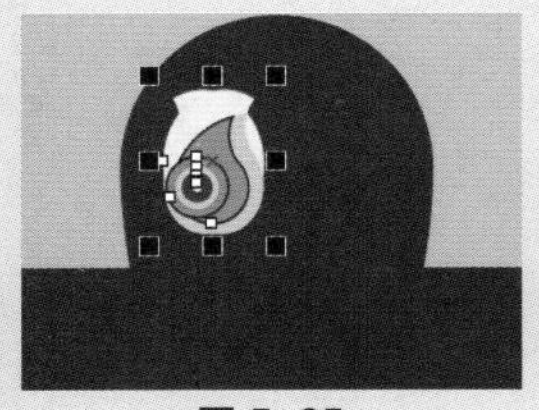

图 5-85

图 5-86

（16）选择“椭圆形”工具，在适当的位置分别绘制两个椭圆形，如图 5-87 所示。选择“选择”工具，用圈选的方法将所绘制的椭圆形同时选取，单击属性栏中的“焊接”按钮，将两个椭圆形合并为一个图形，效果如图 5-88 所示。（为了方便读者观看，这里以白色轮廓显示。）按住 Shift 键的同时，单击下方黑色不规则图形将其同时选取，如图 5-89 所示。

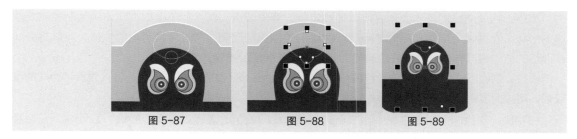

图 5-87   图 5-88   图 5-89

（17）选择"窗口 > 泊坞窗 > 形状"命令，弹出"形状"泊坞窗，在下拉列表中选择"相交"选项，其他设置如图 5-90 所示。单击"相交对象"按钮，移动鼠标指针，鼠标指针变为 ▶⊕ 图标时，如图 5-91 所示。在图形上单击，效果如图 5-92 所示。

图 5-90   图 5-91   图 5-92

（18）保持图形的选取状态。设置相交图形颜色的 CMYK 值为（80、10、45、0），填充图形，并去除图形的轮廓线，效果如图 5-93 所示。用相同的方法绘制其他图形，并填充相应的颜色，效果如图 5-94 所示。

（19）按 Ctrl+I 组合键，弹出"导入"对话框，选择云盘中的"Ch05\ 素材 \ 绘制风筝插画 \01"文件，单击"导入"按钮，在页面中单击导入图形，拖曳图形到适当的位置，效果如图 5-95 所示。风筝插画绘制完成。

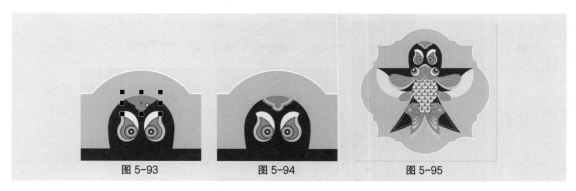

图 5-93   图 5-94   图 5-95

5.2.2　认识曲线

在 CorelDRAW 2020 中，曲线是矢量图形的组成部分。可以使用绘图工具绘制曲线，也可以将任何矩形、多边形、椭圆形以及文本对象转换成曲线。下面对曲线的节点、线段、控制线和控制点等概念进行讲解。

节点：构成曲线的基本要素，可以通过定位、调整节点、调整节点上的控制点来绘制和改变曲线的形状。在曲线上增加和删除节点可使曲线的绘制更加简便。通过转换节点的性质，可以将直线和曲线的节点相互转换，使直线段转换为曲线段或使曲线段转换为直线段。

线段：两个节点之间的部分。线段包括直线段和曲线段，如图 5-96 所示。将直线段转换成曲线段后，可以对其进行曲线特性的操作。

控制线：在绘制曲线的过程中，节点的两端出现的蓝色的虚线。选择"形状"工具 ，在已经绘制好的曲线的节点上单击，节点的两端会出现控制线。

> **技巧** 直线的节点没有控制线。直线段转换为曲线段后，节点上会出现控制线。

控制点：在绘制曲线的过程中，节点的两端会出现控制线，控制线的两端是控制点，如图 5-97 所示。拖曳控制点可以调整曲线的弯曲程度。

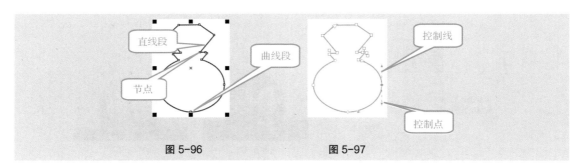

图 5-96　　　　　　　图 5-97

5.2.3 "贝塞尔"工具

使用"贝塞尔"工具 可以绘制平滑、精确的曲线。可以通过确定节点和改变控制点的位置来控制曲线的弯曲度。

1．绘制直线和折线

选择"贝塞尔"工具 ，在绘图页面中单击以确定直线段的起点，拖曳鼠标到适当的位置，再单击以确定直线段的终点，绘制出一条直线段。只要确定下一个节点，就可以绘制出折线，如果想绘制出有多个折角的折线，只要继续确定节点即可，如图 5-98 所示。

选择"形状"工具 ，双击折线上的节点，将删除这个节点，折线的另外两个节点将自动连接，效果如图 5-99 所示。

图 5-98　　　　　　　图 5-99

2．绘制曲线

选择"贝塞尔"工具 ，在绘图页面中按住鼠标左键并拖曳以确定曲线的起点，松开鼠标左键，这时该节点的两边出现控制线和控制点，如图 5-100 所示。

将鼠标指针移动到适当的位置并按住鼠标左键，两个节点间出现一条曲线段，拖曳鼠标，第 2 个节点的两边出现控制线和控制点，控制线和控制点会随着鼠标指针的移动而发生变化，曲线的形状也会随之发生变化，调整到需要的效果后松开鼠标左键，如图 5-101 所示。

在下一个位置单击后，将出现一条连续的平滑曲线，如图 5-102 所示。用"形状"工具，在第 2 个节点处单击，出现控制线和控制点，效果如图 5-103 所示。

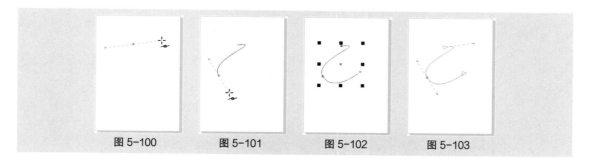

图 5-100   图 5-101   图 5-102   图 5-103

> **提示** 确定一个节点后，在这个节点上双击，再单击确定下一个节点后出现一条直线段。当确定一个节点后，在这个节点上双击，再单击确定下一个节点后，在该节点上按住鼠标左键并拖曳，出现一条曲线段。

5.2.4 "钢笔"工具

使用"钢笔"工具可以绘制出多种精美的曲线和图形，还可以对已绘制的曲线和图形进行编辑和修改。在 CorelDRAW 2020 中，各种复杂图形都可以通过"钢笔"工具来绘制。

1. 绘制直线和折线

选择"钢笔"工具，在绘图页面中单击以确定直线段的起点，拖曳鼠标到适当的位置，单击以确定直线的终点，绘制出一条直线段，效果如图 5-104 所示。再继续单击确定下一个节点，就可以绘制出折线，如果想绘制出具有多个折角的折线，只要继续单击确定节点即可，折线的效果如图 5-105 所示。要结束绘制，按 Esc 键或单击"钢笔"工具即可。

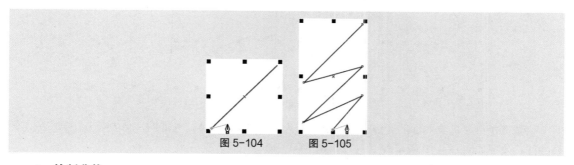

图 5-104   图 5-105

2. 绘制曲线

选择"钢笔"工具，在绘图页面中单击以确定曲线的起点。将鼠标指针移动到适当的位置并按住鼠标左键不放，两个节点间出现一条直线段，如图 5-106 所示。拖曳鼠标，第 2 个节点的两边出现控制线和控制点，控制线和控制点会随着鼠标指针的移动而发生变化，直线段变为曲线段，如图 5-107 所示。调整到需要的效果后松开鼠标左键，曲线的效果如图 5-108 所示。

使用相同的方法可以继续绘制曲线，效果如图 5-109 和图 5-110 所示。

如果想在绘制曲线后绘制直线，按住 C 键，在要继续绘制直线的节点上按住鼠标左键并拖曳，这时出现节点的控制点。松开 C 键，将控制点拖曳到下一个节点的位置，如图 5-111 所示。松开鼠标左键，再单击，可以绘制出一条直线段，效果如图 5-112 所示。

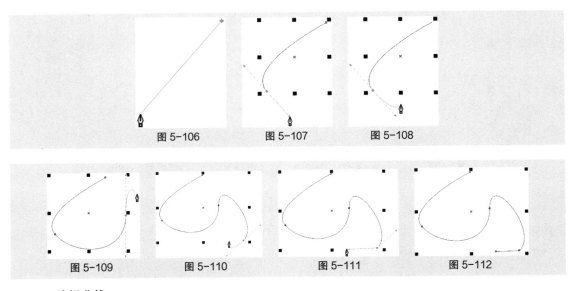

图 5-106   图 5-107   图 5-108

图 5-109   图 5-110   图 5-111   图 5-112

3. 编辑曲线

在"钢笔"工具属性栏中，单击"自动添加或删除节点"按钮![icon]使其生效，将进入自动添加或删除节点模式。

将鼠标指针移动到节点上，鼠标指针变为删除节点图标![icon]，如图 5-113 所示。单击即可删除节点，效果如图 5-114 所示。

将鼠标指针移动到曲线上，鼠标指针变为添加节点图标![icon]，如图 5-115 所示。单击即可添加节点，效果如图 5-116 所示。

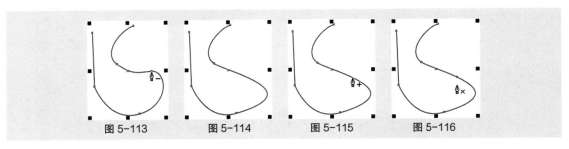

图 5-113   图 5-114   图 5-115   图 5-116

将鼠标指针移动到曲线的起点，鼠标指针变为闭合曲线图标![icon]，如图 5-117 所示。单击即可闭合曲线，效果如图 5-118 所示。

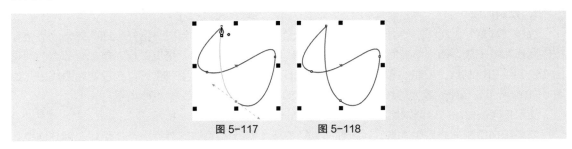

图 5-117   图 5-118

CorelDRAW 核心应用案例教程（全彩慕课版）（CorelDRAW 2020）

> **技巧** 绘制曲线的过程中，按住 Alt 键，可以编辑曲线段、进行节点的转换、移动和调整等操作；松开 Alt 键，可以继续进行绘制。

5.2.5 编辑曲线的节点

节点是构成图形对象的基本要素，使用"形状"工具 选择曲线或图形对象后，会显示曲线或图形的全部节点。通过移动节点和节点的控制点、控制线可以编辑曲线或图形的形状，还可以通过增加和删除节点来进一步编辑曲线或图形。

绘制一条曲线，如图 5-119 所示。使用"形状"工具 单击曲线上的节点，如图 5-120 所示。属性栏如图 5-121 所示。

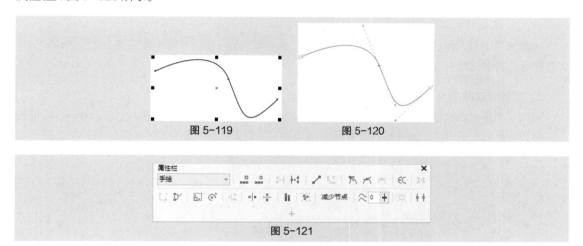

图 5-119　　　　　　　　　　　图 5-120

图 5-121

属性栏中有 3 种节点类型：尖突节点、平滑节点和对称节点。节点类型不同，节点的控制点的属性也不同，单击属性栏中的相应按钮可以转换节点的类型。

"尖突节点"按钮 ：尖突节点的控制点是独立的，当移动一个控制点时，另外一个控制点并不移动，因此通过尖突节点的曲线能够尖突弯曲。

"平滑节点"按钮 ：平滑节点的控制点之间是相关的，当移动一个控制点时，另外一个控制点也会随之移动，因此通过平滑节点连接的线段将产生平滑的过渡。

"对称节点"按钮 ：对称节点的控制点不仅是相关的，而且控制点和控制线的长度是相等的，因此对称节点两边曲线的曲率也是相等的。

1. 选取并移动节点

绘制一个图形，如图 5-122 所示。选择"形状"工具 ，选中节点，如图 5-123 所示。按住鼠标左键拖曳鼠标，节点移动，如图 5-124 所示。松开鼠标左键，图形调整后的效果如图 5-125 所示。

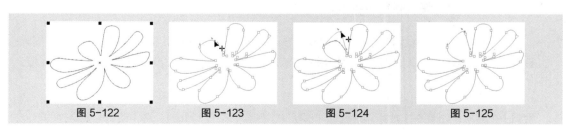

图 5-122　　　　图 5-123　　　　图 5-124　　　　图 5-125

使用"形状"工具 🖊 选中并拖曳节点上的控制点，如图 5-126 所示。松开鼠标左键，图形调整后的效果如图 5-127 所示。

使用"形状"工具 🖊 圈选图形上的部分节点，如图 5-128 所示。松开鼠标左键，图形中被选中的部分节点如图 5-129 所示。拖曳任意一个被选中的节点，其他被选中的节点也会随之移动。

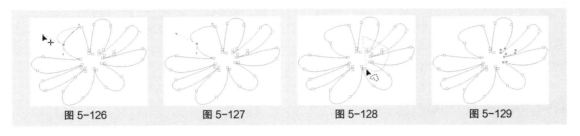

图 5-126　　　　　图 5-127　　　　　图 5-128　　　　　图 5-129

提示　因为 CorelDRAW 2020 中有 3 种节点类型，所以移动不同类型节点上的控制点时，图形的形状也会有不同形式的变化。

2. 增加或删除节点

绘制一个图形，如图 5-130 所示。使用"形状"工具 🖊 选择需要增加或删除节点的曲线，在曲线上要增加节点的位置双击，如图 5-131 所示；可以在这个位置增加一个节点，效果如图 5-132 所示。

单击属性栏中的"添加节点"按钮 █，也可以在曲线上增加节点。

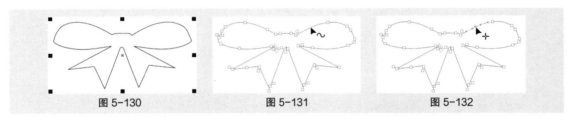

图 5-130　　　　　　图 5-131　　　　　　图 5-132

将鼠标指针放在要删除的节点上，如图 5-133 所示；双击可以删除这个节点，效果如图 5-134 所示。

选中要删除的节点，单击属性栏中的"删除节点"按钮 █，也可以在曲线上删除选中的节点。

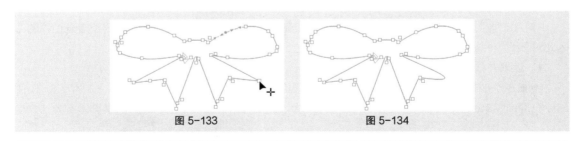

图 5-133　　　　　　　图 5-134

技巧　如果需要在曲线和图形中删除多个节点，可以先按住 Shift 键，再用鼠标选择要删除的多个节点，按 Delete 键。也可以使用圈选的方法选择需要删除的多个节点，然后按 Delete 键。

3. 合并和连接节点

绘制一个图形，如图 5-135 所示。选择"形状"工具 🖊，按住 Ctrl 键，选中两个需要合并的节点，如图 5-136 所示。单击属性栏中的"连接两个节点"按钮 █，将节点合并，使图形闭合，如图 5-137 所示。

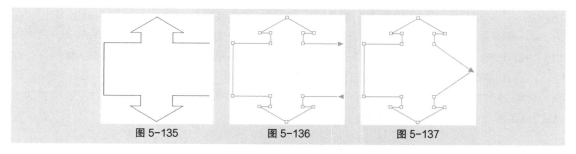

图 5-135　　　　　　　　图 5-136　　　　　　　　图 5-137

使用"形状"工具，可以将两个节点以直线连接，使图形闭合。

4．断开节点

在图形中要断开的节点上单击，选中该节点，如图 5-138 所示。单击属性栏中的"断开曲线"按钮![，断开节点，效果如图 5-139 所示。再使用"形状"工具![选中并移动节点，曲线的节点被断开，效果如图 5-140 所示。

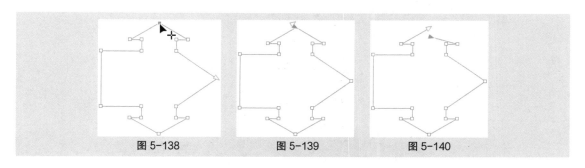

图 5-138　　　　　　　　图 5-139　　　　　　　　图 5-140

5.2.6　编辑曲线的轮廓和端点

在属性栏中可以设置一条曲线的端点和轮廓的样式，从而制作出非常实用的效果。

绘制一条曲线，再用"选择"工具![选择这条曲线，如图 5-141 所示。这时的属性栏如图 5-142 所示。在属性栏中单击"轮廓宽度"选项![0.2 mm ![中的![按钮，弹出下拉列表，如图 5-143 所示。在其中进行选择，将曲线变宽，效果如图 5-144 所示。也可以在"轮廓宽度"数值框中输入数值，按 Enter 键，设置曲线宽度。

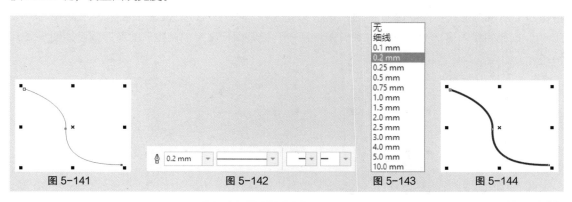

图 5-141　　　　　　　　图 5-142　　　　　　　　图 5-143　　　　图 5-144

"轮廓宽度"右侧有 3 个选项————![、![，从左到右分别是"线条样式"选项————![、

"起始箭头"选项 ──▸ 和"终止箭头"选项──• 。单击"起始箭头"选项 ──▸ 中的 ▾ 按钮，弹出"起始箭头"列表框，如图 5-145 所示；选择需要的箭头样式，曲线的起点会出现选择的箭头，效果如图 5-146 所示。单击"线条样式"选项 ────── 中的 ▾ 按钮，弹出"线条样式"列表框，如图 5-147 所示；选择需要的轮廓样式，曲线的样式被改变，效果如图 5-148 所示。单击"终止箭头"选项── • 中的 ▾ 按钮，弹出"终止箭头"列表框，如图 5-149 所示。选择需要的箭头样式，曲线的终点会出现选择的箭头，如图 5-150 所示。

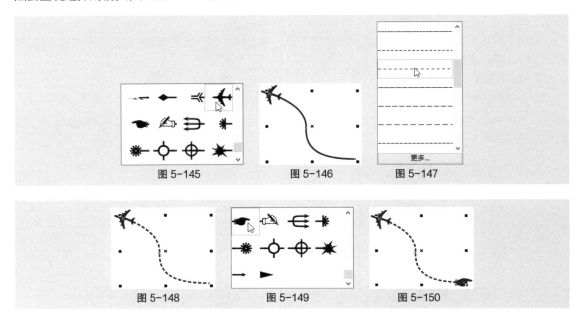

| 图 5-145 | 图 5-146 | 图 5-147 |

| 图 5-148 | 图 5-149 | 图 5-150 |

5.2.7　编辑和修改几何图形

使用"矩形"工具、"椭圆形"工具和"多边形"工具等绘制的图形都是简单的几何图形。这类图形有其特殊的属性，图形上的节点比较少，只能对其进行简单的编辑。如果想对其进行更复杂的编辑，就需要将简单的几何图形转换为曲线。

1. 转换为曲线

使用"椭圆形"工具 ◯ 绘制一个椭圆形，如图 5-151 所示。在属性栏中单击"转换为曲线"按钮 ⟳ ，将椭圆形转换为曲线图形，曲线图形上增加了多个节点，如图 5-152 所示。使用"形状"工具 ⟜ 拖曳曲线图形上的节点，如图 5-153 所示。松开鼠标左键，调整后的图形效果如图 5-154 所示。

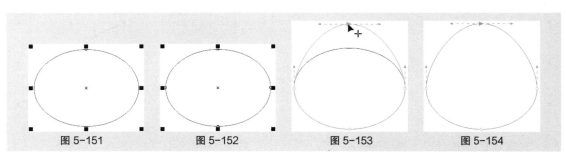

| 图 5-151 | 图 5-152 | 图 5-153 | 图 5-154 |

2. 转换直线为曲线

使用"多边形"工具○绘制一个多边形，如图 5-155 所示。选择"形状"工具┗，单击需要选中的节点，如图 5-156 所示。单击属性栏中的"转换为曲线"按钮┗，将直线转换为曲线，曲线上出现节点，同时图形能保持其对称性，如图 5-157 所示。使用"形状"工具┗拖曳节点调整图形，如图 5-158 所示。松开鼠标左键，图形效果如图 5-159 所示。

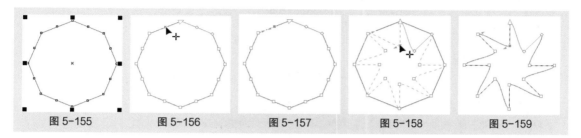

| 图 5-155 | 图 5-156 | 图 5-157 | 图 5-158 | 图 5-159 |

3. 裁切图形

使用"刻刀"工具✎可以对单一的图形对象进行裁切，将一个图形裁切成两个部分。

选择"刻刀"工具✎，鼠标指针变为✂图标。将鼠标指针放到图形上准备裁切的起点位置后单击，如图 5-160 所示。移动鼠标指针会出现一条裁切线，将鼠标指针放在裁切的终点位置后单击，如图 5-161 所示。图形裁切完成的效果如图 5-162 所示。使用"选择"工具┗拖曳裁切后的图形，如图 5-163 所示，图形被分成了两部分。

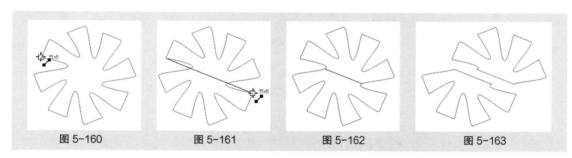

| 图 5-160 | 图 5-161 | 图 5-162 | 图 5-163 |

单击"剪切时自动闭合"按钮⊕，在图形被裁切后，被裁切的两部分将自动生成闭合的曲线图形，并保留其填充的属性；若不单击此按钮，在图形被裁切后，被裁切的两部分将不会自动闭合，同时图形会失去填充属性。

> **技巧** 按住 Shift 键，使用"刻刀"工具✎时将以贝塞尔曲线的方式裁切图形。已经经过渐变、群组及特殊效果处理的图形和位图图像都不能使用"刻刀"工具✎来裁切。

4. 擦除图形

使用"橡皮擦"工具▤可以擦除图形的部分或全部，并可以将擦除后图形的剩余部分自动闭合，但只能对单一的图形对象进行擦除。

绘制一个图形，如图 5-164 所示。选择"橡皮擦"工具▤，鼠标指针变为擦除图标，按住鼠标左键并拖曳可以擦除图形，如图 5-165 所示。擦除后的图形效果如图 5-166 所示。

"橡皮擦"工具属性栏如图 5-167 所示。"橡皮擦宽度"数值框⊖ 15.0 mm ⬍用于设置擦除的宽度；单击"减少节点"按钮🖫，可以在擦除时自动平滑边缘；单击橡皮擦形状按钮○或□可以为橡皮擦选择方形笔尖和圆形笔尖来擦除图形。

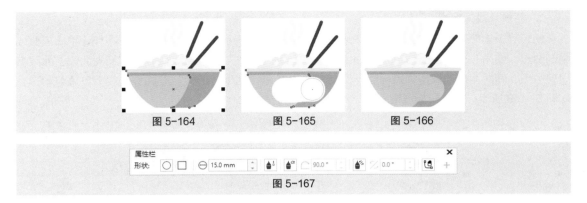

图 5-164   图 5-165   图 5-166

图 5-167

5. 修饰图形

使用"沾染"工具 和"粗糙"工具 可以修饰已绘制好的矢量图形。

绘制一个图形，如图 5-168 所示。选择"沾染"工具 ，其属性栏如图 5-169 所示。在图形上拖曳鼠标，制作出需要的沾染效果，如图 5-170 所示。

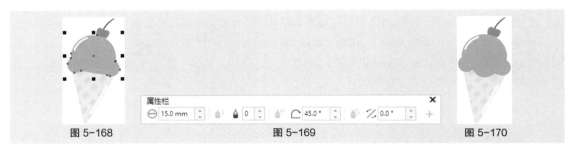

图 5-168   图 5-169   图 5-170

绘制一个图形，如图 5-171 所示。选择"粗糙"工具 ，其属性栏如图 5-172 所示。在图形边缘拖曳鼠标，制作出需要的粗糙效果，如图 5-173 所示。

图 5-171   图 5-172   图 5-173

技巧 "沾染"工具 和"粗糙"工具 可以调整的矢量对象有开放 / 闭合的路径、纯色和交互式渐变填充、交互式透明、交互式阴影效果的对象。它们不可以调整的矢量对象有交互式调和、立体化的对象以及位图图像。

5.3   组合和合并

CorelDRAW 2020 提供了组合和合并功能，使用组合功能可以将多个不同的图形对象组合在一起，方便整体操作；使用合并功能可以将多个图形对象结合在一起，创建出一个新的对象。下面介绍组合和合并对象的方法和技巧。

5.3.1　组合对象

绘制几个图形对象，使用"选择"工具 ，选中要进行组合的图形对象，如图 5-174 所示。选择"对象 > 组合 > 组合"命令，或按 Ctrl+G 组合键，或单击属性栏中的"组合对象"按钮 ，都可以将多个图形对象进行组合，效果如图 5-175 所示。按住 Ctrl 键，选择"选择"工具 ，单击需要选取的子对象，松开 Ctrl 键，子对象被选取，效果如图 5-176 所示。

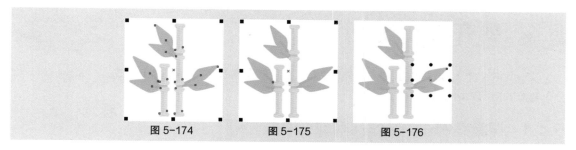

图 5-174　　　　　图 5-175　　　　　图 5-176

组合后的图形对象变成了一个整体，移动其中一个对象，其他的对象将会随之移动；填充其中一个对象，其他的对象也将随之被填充。

选择"对象 > 组合 > 取消群组"命令，或按 Ctrl+U 组合键，或单击属性栏中的"取消组合对象"按钮 ，可以取消对象的组合状态。选择"对象 > 组合 > 全部取消组合"命令，或单击属性栏中的"取消组合所有对象"按钮 ，可以取消所有对象的组合状态。

> **提示**　在组合中，子对象可以是单个的对象，也可以是多个对象组成的群组，后者称为群组的嵌套。使用群组的嵌套可以管理多个对象之间的关系。

5.3.2　合并对象

使用"选择"工具 选中要进行合并的对象，如图 5-177 所示。选择"对象 > 合并"命令，或按 Ctrl+L 组合键，或单击属性栏中的"合并"按钮 ，可以将多个对象合并，效果如图 5-178 所示。

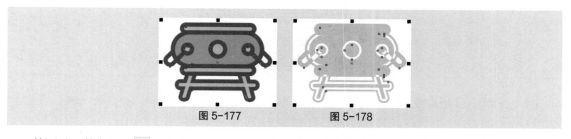

图 5-177　　　　　　　　图 5-178

使用"形状"工具 选中合并后的图形对象，可以对图形对象的节点进行调整，如图 5-179 所示。改变图形对象的形状，效果如图 5-180 所示。

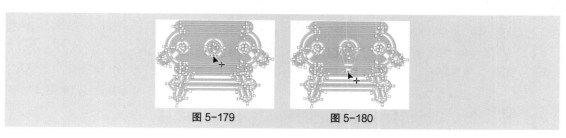

图 5-179　　　　　　　　图 5-180

选择"对象 > 拆分曲线"命令，或按 Ctrl+K 组合键，可以取消图形对象的合并状态，原来合并的图形对象将变为多个单独的图形对象。

> **技巧**　如果对象合并前有颜色填充，那么合并后的对象将显示最后选取对象的颜色。如果使用圈选的方法选取对象，将显示圈选框中最下方对象的颜色。

5.4　对齐与分布

CorelDRAW 2020 提供了对齐和分布功能，用于设置对象的对齐和分布方式。下面介绍对齐和分布功能的使用方法和技巧。

5.4.1　课堂案例——制作民间剪纸海报

【案例学习目标】学习使用"矩形"工具、"对齐与分布"泊坞窗制作民间剪纸海报。

【案例知识要点】使用"矩形"工具、"扇形角"按钮、"变换"泊坞窗、"旋转角度"选项绘制装饰图形；使用"导入"命令导入素材图片，使用"对齐与分布"泊坞窗对齐所选对象，使用"文本"工具添加并编辑文字，民间剪纸海报效果如图 5-181 所示。

【效果所在位置】云盘 \Ch05\ 效果 \ 制作民间剪纸海报 .cdr。

图 5-181

（1）按 Ctrl+N 组合键，弹出"创建新文档"对话框，设置文档的"宽度"为 500 mm，"高度"为 700 mm，"方向"为纵向，"原色模式"为"CMYK"，"分辨率"为 300 dpi，单击"OK"按钮，创建一个文档。

（2）双击"矩形"工具 ▢，绘制一个与页面大小相等的矩形，如图 5-182 所示。设置图形颜色的 CMYK 值为（0、7、6、0），填充图形，并去除图形的轮廓线，效果如图 5-183 所示。选择"矩形"工具 ▢，在适当的位置再绘制一个矩形，如图 5-184 所示。

（3）在属性栏中单击"扇形角"按钮 ▱，将"圆角半径"选项设为 16 mm、0 mm、0 mm、0 mm，如图 5-185 所示。按 Enter 键，效果如图 5-186 所示。按 F12 键，弹出"轮廓笔"对话框，在"颜色"选项中设置轮廓线颜色的 CMYK 值为（38、98、100、4），其他选项的设置如图 5-187 所示。单击"OK"按钮，效果如图 5-188 所示。

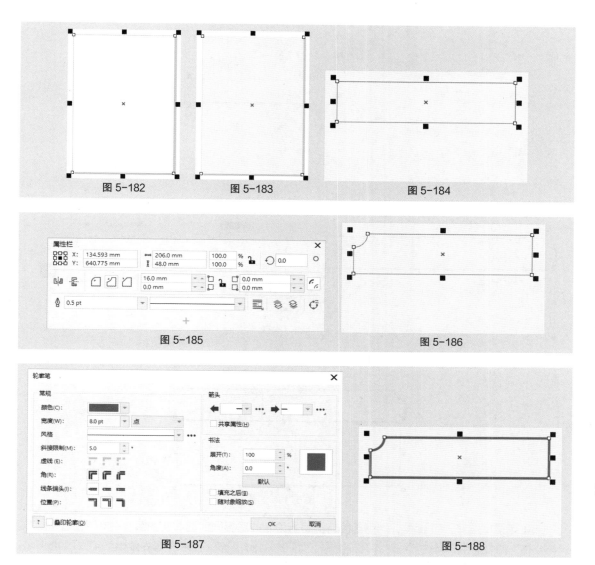

图 5-182　　　　　　　　图 5-183　　　　　　　　　　图 5-184

图 5-185　　　　　　　　　　　　　　图 5-186

图 5-187　　　　　　　　　　　　　　图 5-188

（4）用相同的方法绘制右侧矩形，并设置扇形角，效果如图 5-189 所示。选择"选择"工具 ，按住 Shift 键的同时，单击左侧扇形角矩形将其同时选取，如图 5-190 所示。选择"窗口 > 泊坞窗 > 对齐与分布"命令，弹出"对齐与分布"泊坞窗，单击"顶端对齐"按钮 ，如图 5-191 所示。图形顶端对齐效果如图 5-192 所示。

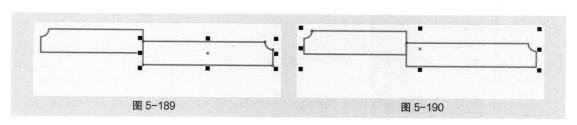

图 5-189　　　　　　　　　　　　　　图 5-190

（5）选择"矩形"工具 ，在适当的位置绘制一个矩形，如图 5-193 所示。按 F12 键，弹出"轮廓笔"对话框，在"颜色"选项中设置轮廓线颜色的 CMYK 值为（38、98、100、4），其他选项的设置如图 5-194 所示。单击"OK"按钮，效果如图 5-195 所示。

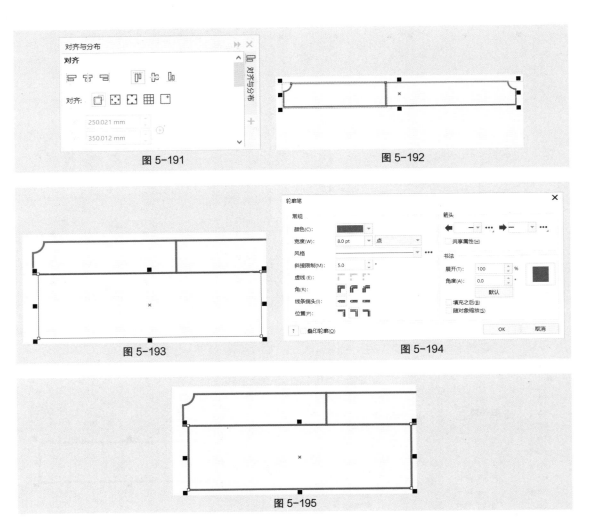

图 5-191　　　　　　　　　　图 5-192

图 5-193　　　　　　　　　　图 5-194

图 5-195

（6）选择"选择"工具 ▶，用圈选的方法将所绘制的图形同时选取，如图 5-196 所示。在"对齐与分布"泊坞窗中，单击"左对齐"按钮 ⬚，如图 5-197 所示。图形左对齐效果如图 5-198 所示。用相同的方法分别绘制其他矩形，并进行设置和对齐，效果如图 5-199 所示。

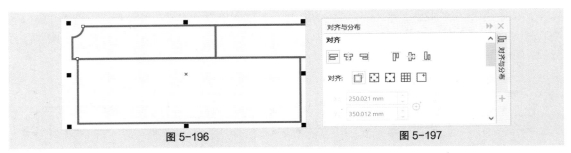

图 5-196　　　　　　　　　　图 5-197

（7）选择"矩形"工具 ▢，在适当的位置绘制一个矩形，如图 5-200 所示。按 F12 键，弹出"轮廓笔"对话框，在"颜色"选项中设置轮廓线颜色的 CMYK 值为（0、7、6、0），其他选项的设置如图 5-201 所示，单击"OK"按钮。设置图形颜色的 CMYK 值为（38、98、100、4），填充图形，效果如图 5-202 所示。

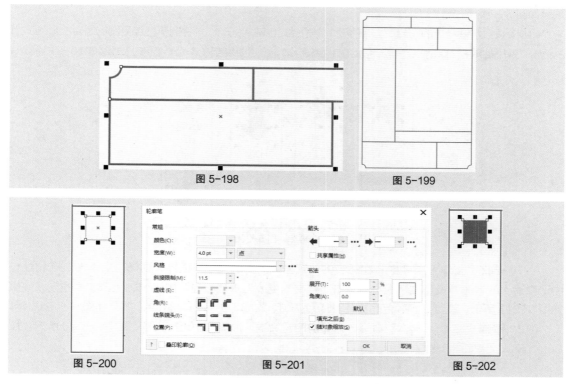

图 5-198　　　　　　　　　　　　　图 5-199

图 5-200　　　　　　　　　　图 5-201　　　　　　　　　图 5-202

（8）选择"窗口 > 泊坞窗 > 变换"命令，弹出"变换"泊坞窗，单击"大小"按钮 ，各选项的设置如图 5-203 所示，单击"应用"按钮，效果如图 5-204 所示。在属性栏中单击"扇形角"按钮 ，将"圆角半径"选项均设为 6 mm，如图 5-205 所示。按 Enter 键，效果如图 5-206 所示。

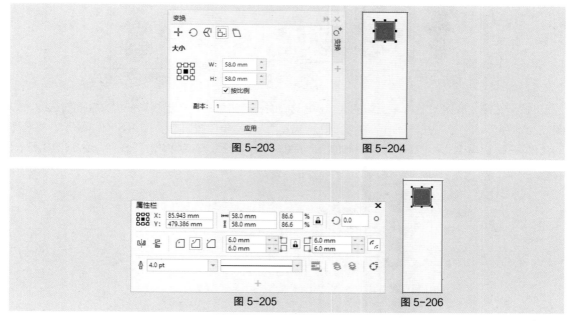

图 5-203　　　　　　　　　　图 5-204

图 5-205　　　　　　　　　　图 5-206

（9）选择"选择"工具 ，用圈选的方法将所绘制的图形同时选取，按 Ctrl+G 组合键，将其群组，如图 5-207 所示。在属性栏中的"旋转角度"数值框 中设置数值为 45，按 Enter 键，效果如图 5-208 所示。

（10）按数字键盘上的 + 键，复制菱形。按住 Shift 键的同时，垂直向下拖曳复制的组合菱形到适当的位置，效果如图 5-209 所示。连续按 Ctrl+D 组合键，按需要复制多个组合菱形，效果如图 5-210 所示。

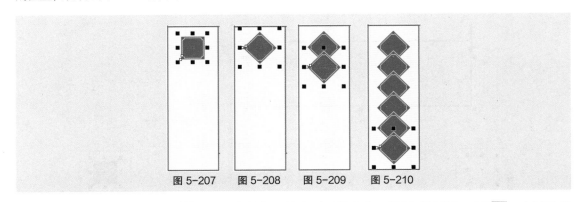

图 5-207　图 5-208　图 5-209　图 5-210

（11）选择"文本"工具 字，在适当的位置输入需要的文字。选择"选择"工具 ，在属性栏中选取适当的字体并设置文字大小，单击"将文本更改为垂直方向"按钮 ，更改文本方向，效果如图 5-211 所示。设置文字颜色的 CMYK 值为（0、7、6、0），填充文字，效果如图 5-212 所示。

（12）选择"文本 > 文本"命令，在弹出的"文本"泊坞窗中进行设置，如图 5-213 所示。按 Enter 键，效果如图 5-214 所示。

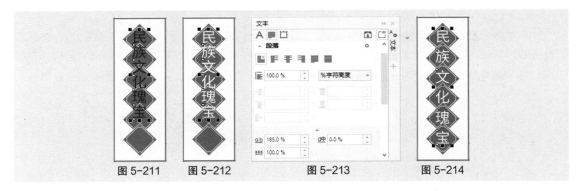

图 5-211　图 5-212　　　　图 5-213　　　　图 5-214

（13）选择"选择"工具 ，按住 Shift 键的同时，单击最后一个组合菱形将文字同时选取，如图 5-215 所示。在"对齐与分布"泊坞窗中，单击"选定对象"按钮 ，如图 5-216 所示，将选择的对象对齐；再单击"水平居中对齐"按钮 ，如图 5-217 所示。文字居中对齐效果如图 5-218 所示。

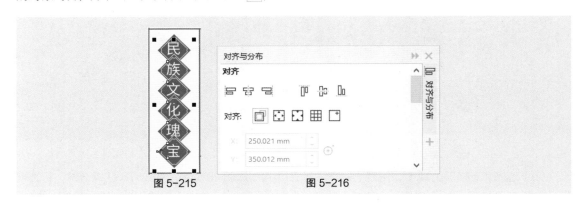

图 5-215　　　　　　　图 5-216

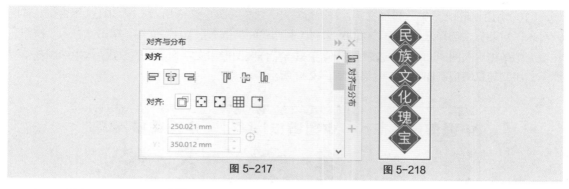

图 5-217　　　　　　　　　　　图 5-218

（14）选择"文本"工具 **字**，在适当的位置输入需要的文字。选择"选择"工具 ，在属性栏中选取适当的字体并设置文字大小，单击"将文本更改为水平方向"按钮 ，更改文本方向，效果如图 5-219 所示。设置文字颜色的 CMYK 值为（34、99、100、1），填充文字，效果如图 5-220 所示。选择"形状"工具 ，向右拖曳文字下方的 图标，调整文字的间距，效果如图 5-221 所示。

图 5-219　　　　　　　　　　图 5-220　　　　　　　　　　图 5-221

（15）选择"选择"工具 ，按住 Shift 键的同时，单击文本所在的矩形框将其同时选取，如图 5-222 所示。在"对齐与分布"泊坞窗中，单击"水平居中对齐"按钮 ，如图 5-223 所示；再单击"垂直居中对齐"按钮 ，如图 5-224 所示。文字居中对齐效果如图 5-225 所示。

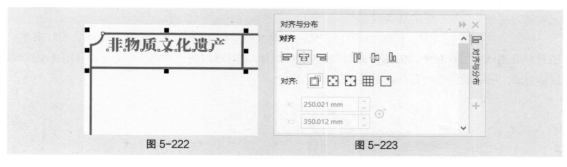

图 5-222　　　　　　　　　　　图 5-223

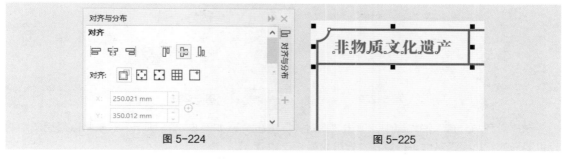

图 5-224　　　　　　　　　　　图 5-225

（16）用相同的方法输入其他文字，并进行对齐，效果如图5-226所示。按Ctrl+I组合键，弹出"导入"对话框，选择云盘中的"Ch05\素材\制作民间剪纸海报\01"文件，单击"导入"按钮，在页面中单击导入图形和文字，选择"选择"工具▶，拖曳图形和文字到适当的位置，效果如图5-227所示。民间剪纸海报制作完成，效果如图5-228所示。

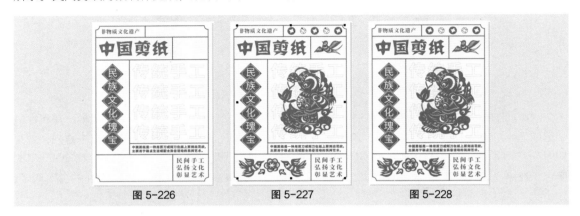

图5-226   图5-227   图5-228

5.4.2 对象的对齐

选中多个要对齐的对象，选择"对象 > 对齐与分布 > 对齐与分布"命令，或按Ctrl+Shift+A组合键，或单击属性栏中的"对齐与分布"按钮▤，弹出"对齐与分布"泊坞窗，如图5-229所示。

"对齐与分布"泊坞窗的"对齐"设置区中有两组对齐方式按钮，包括"左对齐"按钮▤、"水平居中对齐"按钮▤、"右对齐"按钮▤、"顶端对齐"按钮▥、"垂直居中对齐"按钮▥、"底端对齐"按钮▥。两组对齐方式可以单独使用，也可以配合使用，如对齐右底端、左顶端等就需要配合使用两组对齐方式按钮。

"对齐"选项组中有对齐基准按钮，包括"选定对象"按钮▫、"页面边缘"按钮▣、"页面中心"按钮▣、"网格"按钮▦和"指定点"按钮▫。对齐基准按钮必须与对齐方式按钮同时使用，以指定对象的某个部分与相应的基准线对齐。

选择"选择"工具▶，按住Shift键，单击要对齐的对象，将它们全选中，如图5-230所示。注意要最后选中目标对象，因为其他对象将以目标对象为基准对齐，本例中以右下角的相机图形为目标对象，所以最后选中它。

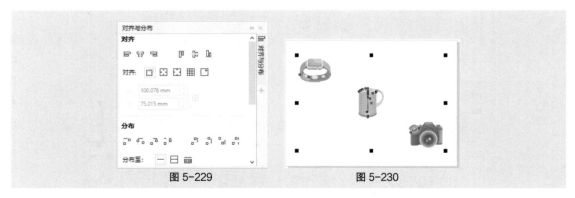

图5-229   图5-230

在"对齐与分布"泊坞窗中，单击"右对齐"按钮▤，如图5-231所示，对象将以最后选中的相机图形的右边缘为基准进行对齐，效果如图5-232所示。

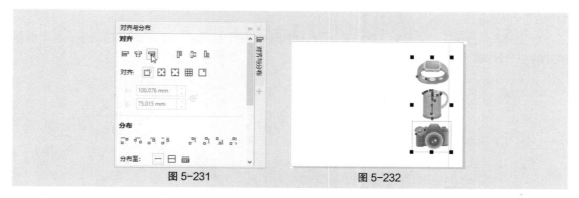

图 5-231   图 5-232

单击"页面中心"按钮 ，再单击"垂直居中对齐"按钮 ，如图 5-233 所示，对象将以页面中心为基准进行垂直居中对齐，效果如图 5-234 所示。

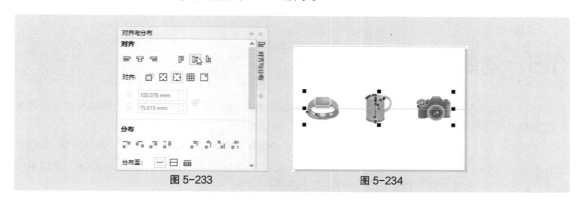

图 5-233   图 5-234

5.4.3　对象的分布

使用"选择"工具 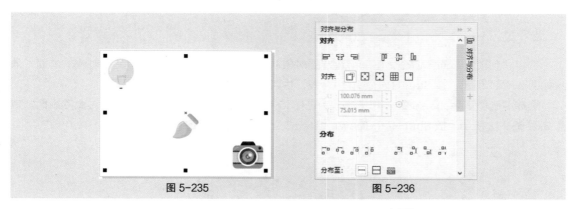 选中要分布排列的对象，如图 5-235 所示。选择"对象 > 对齐与分布 > 对齐与分布"命令，弹出"对齐与分布"泊坞窗，如图 5-236 所示。

图 5-235   图 5-236

"分布"设置区中有两组分布排列按钮，包括"左分散排列"按钮 、"水平分散排列中心"按钮 、"右分散排列"按钮 、"水平分散排列间距"按钮 、"顶端分散排列"按钮 、"垂直分散排列中心"按钮 、"底部分散排列"按钮 、"垂直分散排列间距"按钮 。可以选择不同的基准点来分布对象。

在"分布至"选项组中可以设置分布基准，包括"选定对象"按钮 、"页面边缘"按钮 和"对象间距"按钮 🔲。

在"对齐与分布"泊坞窗中，单击"垂直分散排列间距"按钮 🔡，如图 5-237 所示，几个图形对象的分布效果如图 5-238 所示。

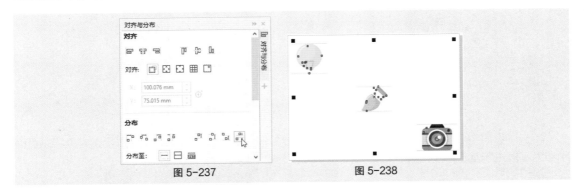

图 5-237   图 5-238

5.5 对象的排序

在 CorelDRAW 2020 中，绘制的对象可能存在着重叠的关系。如果在绘图页面中的同一位置先后绘制两个不同的对象，后绘制的对象将位于先绘制对象的前面。

使用 CorelDRAW 2020 的排序功能可以调整多个对象的前后顺序，也可以使用图层来管理对象。

使用"选择"工具 ▶ 选择要进行排序的对象，如图 5-239 所示。选择"对象 > 顺序"子菜单中的命令，如图 5-240 所示，可对已选中的图形对象进行排序。

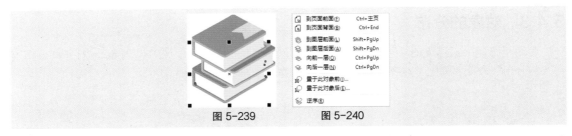

图 5-239   图 5-240

选择"到图层前面"命令，可以将选定的对象从当前层移动到绘图页面中其他对象的前面，效果如图 5-241 所示。按 Shift+PageUp 组合键，也可以完成这个操作。

选择"到图层后面"命令，可以将选定的对象从当前层移动到绘图页面中其他对象的后面，效果如图 5-242 所示。按 Shift+PageDown 组合键，也可以完成这个操作。

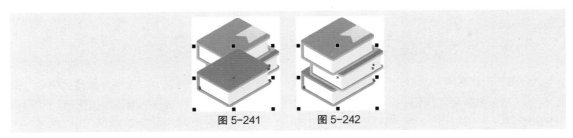

图 5-241   图 5-242

当对象位于后面的位置时，选择"向前一层"命令，可以将选定的对象从当前位置向前移一层，效果如图 5-243 所示。按 Ctrl+PageUp 组合键，也可以完成这个操作。

当对象位于前面的位置时，选择"向后一层"命令，可以将选定的对象从当前位置向后移一层，如图 5-244 所示。按 Ctrl+PageDown 组合键，也可以完成这个操作。

选择"置于此对象前"命令，可以将选定的对象放置到指定对象的前面。选择"置于此对象前"命令后，鼠标指针变为黑色箭头形状，单击指定的对象，如图 5-245 所示，选定的对象被放置到指定对象的前面，效果如图 5-246 所示。

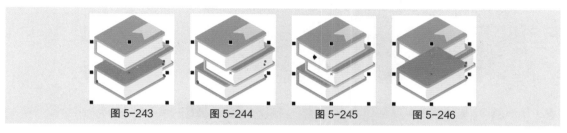

图 5-243　　　　　图 5-244　　　　　图 5-245　　　　　图 5-246

选择"置于此对象后"命令，可以将选定的对象放置到指定对象的后面。选择"置于此对象后"命令后，鼠标指针变为黑色箭头形状，单击指定的对象，如图 5-247 所示，选定的对象被放置到指定对象的后面，效果如图 5-248 所示。

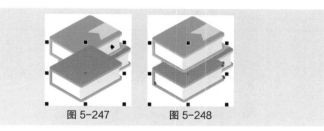

图 5-247　　　　　图 5-248

5.6　课堂练习——绘制狮头贴纸

【练习知识要点】使用"椭圆形"工具、"贝塞尔"工具、"水平镜像"按钮、"星形"工具、"组合"命令绘制狮头，效果如图 5-249 所示。

【效果所在位置】云盘 \Ch05\ 效果 \ 绘制狮头贴纸 .cdr。

微课

绘制狮头贴纸

图 5-249

【习题知识要点】使用"导入"命令导入素材图片，使用"对齐与分布"命令对齐对象，使用"文本"工具、"形状"工具添加并编辑主题文字，效果如图 5-250 所示。

【效果所在位置】云盘 \Ch05\ 效果 \ 制作中秋节海报 .cdr。

图 5-250

06

第 6 章

版式编排

▶ ## 本章介绍

　　CorelDRAW 2020 提供了强大的文本编辑和图文混排功能，用户除了可以进行常规的文本输入和编辑外，还可以进行复杂的特效文本处理。通过本章的学习，读者可以了解并掌握用 CorelDRAW 2020 编辑文本的方法和技巧。

学习目标

- 掌握文本的编辑方法和技巧。
- 熟练掌握文本效果的制作方法。
- 掌握制表位和制表符的设置方法。

第 6 章简介

技能目标

- 掌握女装 App 引导页的制作方法。
- 掌握美食杂志内页的制作方法。

素质目标

- 培养学生的创新能力。
- 培养学生举一反三的能力。

6.1 编辑文本

本节主要讲解文本的编辑方法，包括设置文本间距、文本嵌线、文本上下标、首字下沉和项目符号的方法，以及对齐文本的方法等内容。下面具体讲解文本的编辑技巧。

6.1.1 课堂案例——制作女装 App 引导页

【案例学习目标】学习使用"文本"工具、"文本"泊坞窗制作女装 App 引导页。

【案例知识要点】使用"矩形"工具、"导入"命令和"置于图文框内部"命令制作底图，使用"文本"工具、"文本"泊坞窗添加并编辑文字信息，女装 App 引导页效果如图 6-1 所示。

【效果所在位置】云盘 \Ch06\ 效果 \ 制作女装 App 引导页 .cdr。

图 6-1

（1）按 Ctrl+N 组合键，弹出"创建新文档"对话框，设置文档的"宽度"为 750 px，"高度"为 1334 px，"方向"为纵向，原色模式为"RGB"，分辨率为 72 dpi，单击"OK"按钮，创建一个文档。

（2）选择"矩形"工具□，在页面中绘制一个矩形，如图 6-2 所示。设置图形颜色的 RGB 值为（255、204、204），填充图形，并去除图形的轮廓线，效果如图 6-3 所示。

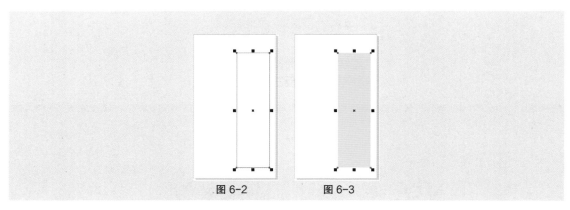

图 6-2   图 6-3

（3）按 Ctrl+I 组合键，弹出"导入"对话框，选择云盘中的"Ch06\ 素材 \ 制作女装 App 引导

页 \01"文件，单击"导入"按钮，在页面中单击导入图片。选择"选择"工具 ⬀ ，拖曳人物图片到适当的位置，效果如图 6-4 所示。

（4）选择"矩形"工具 ▢ ，在适当的位置绘制一个矩形，设置轮廓线为白色，并在属性栏中将"轮廓宽度"选项 ⬚ 1.0 px ▾ 设置为 8 px，按 Enter 键，效果如图 6-5 所示。

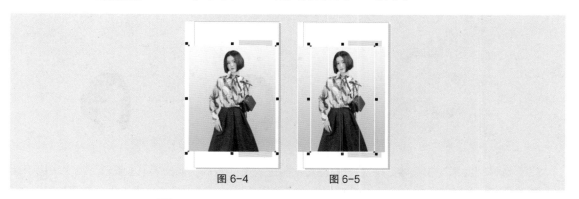

图 6-4   图 6-5

（5）选择"选择"工具 ⬀ ，选取下方人物图片，选择"对象 > PowerClip > 置于图文框内部"命令，鼠标指针变为黑色箭头形状，在矩形上单击，如图 6-6 所示，将图片置入矩形中，效果如图 6-7 所示。

（6）选择"文本"工具 字 ，在页面中分别输入需要的文字。选择"选择"工具 ⬀ ，在属性栏中分别选取适当的字体并设置文字大小，单击"将文本更改为垂直方向"按钮 ⬓⼁ ，更改文本方向，效果如图 6-8 所示。

图 6-6   图 6-7   图 6-8

（7）选择"文本"工具 字 ，在适当的位置输入需要的文字。选择"选择"工具 ⬀ ，在属性栏中选取适当的字体并设置文字大小，单击"将文本更改为水平方向"按钮 ⬓ ，更改文本方向，效果如图 6-9 所示。设置文字颜色的 RGB 值为（255、204、204），填充文字，效果如图 6-10 所示。

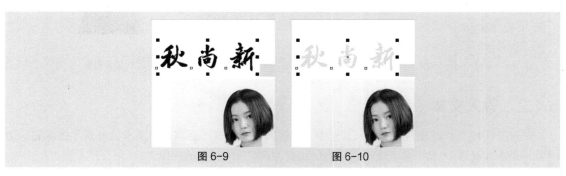

图 6-9   图 6-10

（8）按 Ctrl+T 组合键，弹出"文本"泊坞窗，单击"段落"按钮▤，切换到相应的设置区中进行设置，如图 6-11 所示。按 Enter 键，效果如图 6-12 所示。在属性栏中的"旋转角度"数值框 ↻ 0.0 °中设置数值为 36。按 Enter 键，效果如图 6-13 所示。

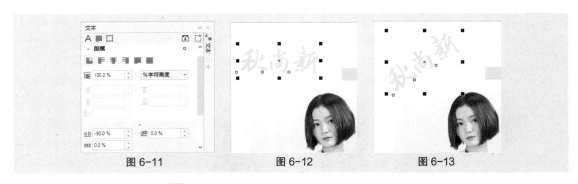

| 图 6-11 | 图 6-12 | 图 6-13 |

（9）选择"文本"工具**字**，在适当的位置拖曳出一个文本框，如图 6-14 所示。在文本框中输入需要的文字，选择"选择"工具▸，在属性栏中选取适当的字体并设置文字大小，效果如图 6-15 所示。

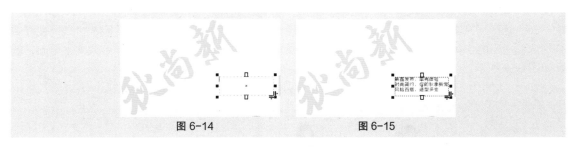

| 图 6-14 | 图 6-15 |

（10）在"文本"泊坞窗中，单击"右对齐"按钮▤，其他选项的设置如图 6-16 所示。按 Enter 键，效果如图 6-17 所示。女装 App 引导页制作完成，效果如图 6-18 所示。

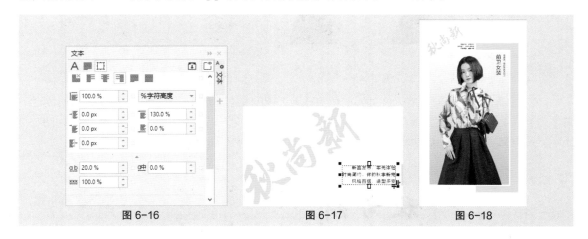

| 图 6-16 | 图 6-17 | 图 6-18 |

6.1.2　导入文本

有时需要将已编辑好的文本插入页面中。这些编辑好的文本通常是用文本处理软件完成的，使用 CorelDRAW 2020 的导入功能，可以方便快捷地完成导入文本的操作。

1. 使用剪贴板导入文本

可以借助剪贴板在 CorelDRAW 2020 和另一个运行的软件（如 Word、WPS 等）之间剪贴文本。

首先在其他软件中选中需要的文本，将文本复制到剪贴板中，然后在 CorelDRAW 2020 中选择"文本"工具**字**，在绘图页面中需要插入文本的位置单击，出现插入文本光标，按 Ctrl+V 组合键，将剪贴板中的文本粘贴到插入文本光标的位置，可完成文本的导入；选择"文本"工具**字**，在绘图页面中按住鼠标左键并拖曳绘制出一个文本框，按 Ctrl+V 组合键，将剪贴板中的段落文本粘贴到文本框中，可完成段落文本的导入。

选择"编辑 > 选择性粘贴"命令，弹出"选择性粘贴"对话框，如图 6-19 所示。在该对话框中，可以将文本以图片、Word 文档格式、纯文本格式导入。

图 6-19

2. 使用菜单命令导入文本

选择"文件 > 导入"命令，或按 Ctrl+I 组合键，弹出"导入"对话框，选择需要导入的文本文件，如图 6-20 所示，单击"导入"按钮。

绘图页面上会出现"导入 / 粘贴文本"对话框，如图 6-21 所示。如果单击"取消"按钮，可以取消文本的导入。若确定导入，则选择需要的导入方式，单击"OK"按钮。

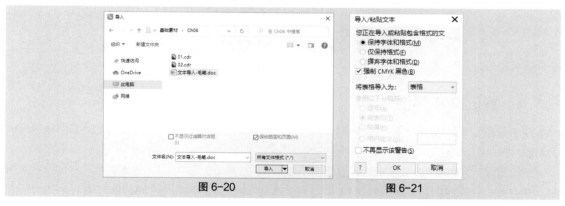

图 6-20　　　　　　　　　　　　　　　图 6-21

转换过程完成后，绘图页面中会出现一个标题光标，如图 6-22 所示。按住鼠标左键并拖曳绘制出文本框，如图 6-23 所示。松开鼠标左键，导入的文本出现在文本框中，如图 6-24 所示。如果文本框的大小不合适，可以拖曳文本框边框的控制手柄来调整文本框的大小，如图 6-25 所示。

> **技巧**　当导入的文本太多时，绘制的文本框容纳不下这些文本，这时，CorelDRAW 2020 会自动增加新页面，并建立相同的文本框，将其余容纳不下的文字导入进去，直到文本全部导入完成为止。

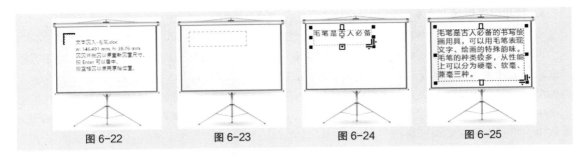

图 6-22　　　　　图 6-23　　　　　图 6-24　　　　　图 6-25

6.1.3　修改字体属性

字体属性的修改方法很简单，下面介绍使用"形状"工具 ↳ 修改字体属性的方法和技巧。

用美术字模式在绘图页面中输入文本，效果如图 6-26 所示。选择"形状"工具 ↳，每个文字的左下角将出现一个空心节点 □，如图 6-27 所示。

单击第一个字的空心节点 □，使空心节点 □ 变为黑色实心节点 ■，效果如图 6-28 所示。

图 6-26　　　　　　　图 6-27　　　　　　　图 6-28

在属性栏中选择新的字体，第一个字的字体属性被改变，如图 6-29 所示。使用相同的方法，将第 6 个字的字体属性改变，如图 6-30 所示。

图 6-29　　　　　　　　图 6-30

6.1.4　复制文本属性

使用复制文本属性的功能可以快速地将不同的文本属性设置成相同的文本属性。下面介绍具体的复制方法。

在绘图页面中输入两个文本属性不同的词语，如图 6-31 所示。选中文本"浓墨传神"，如图 6-32 所示。按住鼠标右键拖曳"浓墨传神"文本到"淡墨传韵"文本上，鼠标指针变为 **A.** 图标，如图 6-33 所示。

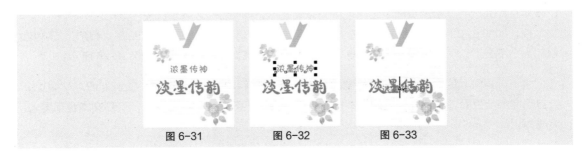

图 6-31　　　　　　　图 6-32　　　　　　　图 6-33

松开鼠标右键，弹出快捷菜单，选择"复制所有属性"命令，如图 6-34 所示，"浓墨传神"文本的属性复制给了"淡墨传韵"文本，效果如图 6-35 所示。

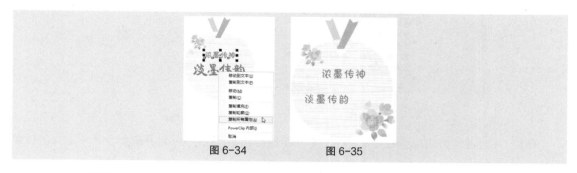

图 6-34   图 6-35

6.1.5 设置间距

输入美术字文本或段落文本，效果如图 6-36 所示。使用"形状"工具 ![]选中文本，文本的节点将处于编辑状态，如图 6-37 所示。拖曳 ![]图标，可以调整文本中字符和字符的间距；拖曳 ![]图标，可以调整文本中行与行的间距，如图 6-38 所示。按键盘上的方向键，可以对文本进行微调。

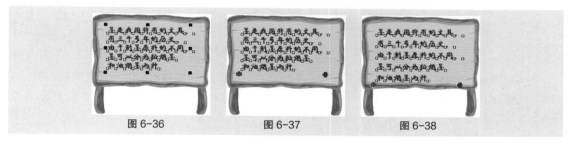

图 6-36   图 6-37   图 6-38

按住 Shift 键，将段落中第二行文字左下角的节点全部选中，如图 6-39 所示。将鼠标指针放在黑色的节点上并拖曳鼠标，如图 6-40 所示，可以将第二行文字移动到适当的位置，效果如图 6-41 所示。使用相同的方法可以对单个字符进行移动。

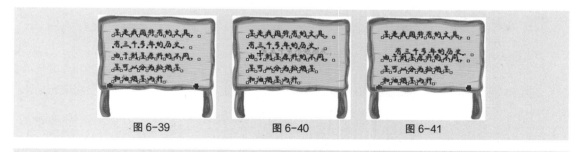

图 6-39   图 6-40   图 6-41

> **提示** 单击"文本"工具属性栏中的"文本"按钮 ![]，弹出"文本"泊坞窗，"段落"设置区中的"行间距"选项用于设置行的间距。

6.1.6 设置文本嵌线和上下标

1. 设置文本嵌线

选中需要处理的文本，如图 6-42 所示。单击"文本"工具属性栏中的"文本"按钮 ![]，弹出"文本"泊坞窗，如图 6-43 所示。

图 6-42　　　　　　　　　　　图 6-43

单击"下划线"按钮 U，在弹出的下拉菜单中选择线型，如图 6-44 所示。文本下划线的效果如图 6-45 所示。

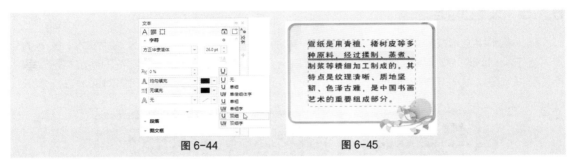

图 6-44　　　　　　　　　　　图 6-45

选中需要处理的文本，如图 6-46 所示。在"文本"泊坞窗中单击 按钮，弹出更多选项，在"字符删除线"下拉列表 ab 无 中选择线型，如图 6-47 所示。字符删除线的效果如图 6-48 所示。

图 6-46　　　　　　　　图 6-47　　　　　　　　图 6-48

选中需要处理的文本，如图 6-49 所示。在"字符上划线"下拉列表 AB 无 中选择线型，如图 6-50 所示。字符上划线的效果如图 6-51 所示。

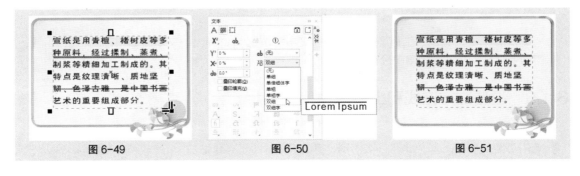

图 6-49　　　　　　　　图 6-50　　　　　　　　图 6-51

2. 设置文本上下标

选中需要制作上标的文本，如图6-52所示。单击"文本"工具属性栏中的"文本"按钮 $A_\bullet$ ，弹出"文本"泊坞窗，如图6-53所示。

单击"位置"按钮 $\mathbf{X}^2$ ，在弹出的下拉菜单中选择"上标（自动）"命令，如图6-54所示。文本上标效果如图6-55所示。

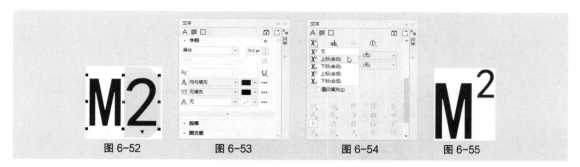

图 6-52　　　　　　图 6-53　　　　　　图 6-54　　　　　　图 6-55

选中需要制作下标的文本，如图6-56所示。单击"位置"按钮 $\mathbf{X}^2$ ，在弹出的下拉菜单中选择"下标（自动）"命令，如图6-57所示。文本下标效果如图6-58所示。

图 6-56　　　　　　　　图 6-57　　　　　　　　图 6-58

3. 设置文本的排列方向

选中文本，如图6-59所示。在"文本"工具属性栏中，单击"将文本更改为水平方向"按钮 或"将文本更改为垂直方向"按钮 ，可以水平或垂直排列文本，垂直排列的文本效果如图6-60所示。

选择"文本 > 文本"命令，弹出"文本"泊坞窗，在"图文框"选项组中，单击"将文本更改为水平方向"按钮 或"将文本更改为垂直方向"按钮 ，可以选择文本的排列方向，如图6-61所示。

图 6-59　　　　　　　图 6-60　　　　　　　　图 6-61

6.1.7　设置首字下沉和项目符号

1. 设置首字下沉

在绘图页面中打开一个段落文本，效果如图6-62所示。选择"文本 > 首字下沉"命令，出现"首字下沉"对话框，勾选"使用首字下沉"复选框，如图6-63所示。

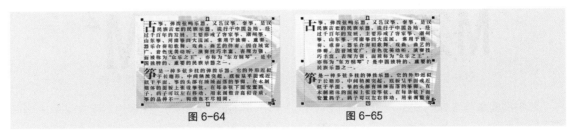

图 6-62　　　　　　　　　　　图 6-63

单击"OK"按钮，各段落首字下沉效果如图 6-64 所示。勾选"首字下沉使用悬挂式缩进"复选框，单击"OK"按钮，悬挂式缩进首字下沉效果如图 6-65 所示。

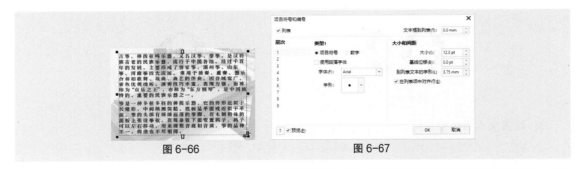

图 6-64　　　　　　　　　　　图 6-65

2. 设置项目符号

在绘图页面中打开一个段落文本，效果如图 6-66 所示。选择"文本 > 项目符号和编号"命令，弹出"项目符号和编号"对话框，勾选"列表"复选框，选择"项目符号"单选按钮，如图 6-67 所示。

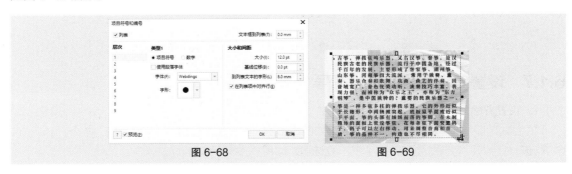

图 6-66　　　　　　　　　　　图 6-67

"类型"设置区中的"字体"选项用于设置字体的类型，"字形"选项用于设置项目符号样式；"大小和间距"设置区中的"大小"选项用于设置字形符号的大小，"基线位移"选项用于设置基线的距离，"到列表文本的字形"选项用于设置字形符号与文本之间的间距；"文本框到列表"选项用于设置文本框与字形符号之间的间距。

设置需要的选项，如图 6-68 所示。单击"OK"按钮，段落文本中添加了新的项目符号，效果如图 6-69 所示。

图 6-68　　　　　　　　　　　图 6-69

在段落文本中需要另起一段的位置单击，显示插入文本光标，如图 6-70 所示。按 Enter 键，项目符号会自动添加在新段落的前面，效果如图 6-71 所示。

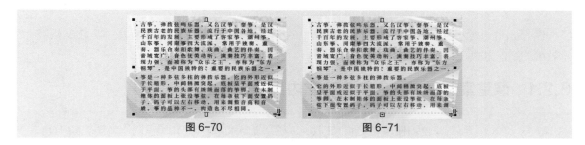

图 6-70　　　　　　　　　　图 6-71

6.1.8　对齐文本

选择"文本"工具**字**，在绘图页面中输入段落文本，单击"文本"工具属性栏中的"文本对齐"按钮，弹出其下拉菜单，可以看到 6 种对齐方式，如图 6-72 所示。

选择"文本 > 文本"命令，弹出"文本"泊坞窗，单击"段落"按钮，切换到"段落"设置区，单击右上方的 按钮，在弹出的菜单中选择"调整"命令，弹出"间距设置"对话框。在该对话框中可以选择文本的对齐方式，如图 6-73 所示。

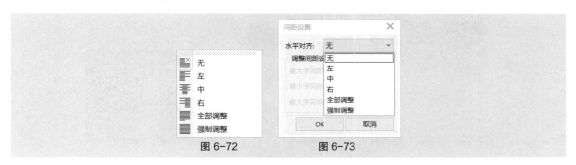

图 6-72　　　　　　　　　　图 6-73

"无"选项：CorelDRAW 2020 默认的对齐方式。选择它将不会对文本产生影响，文本可以自由地变换，但单纯的无对齐方式的文本的边界会参差不齐。

"左"选项：选择该选项后，段落文本会以文本框的左边界对齐。

"中"选项：选择该选项后，段落文本的每一行都会在文本框中居中。

"右"选项：选择该选项后，段落文本会以文本框的右边界对齐。

"全部调整"选项：选择该选项后，段落文本的每一行都会同时对齐文本框的左右两端。

"强制调整"选项：选择该选项后，可以对段落文本的所有格式进行调整。

选中进行过移动调整的文本，如图 6-74 所示。选择"文本 > 对齐至基线"命令，可以将文本重新对齐，效果如图 6-75 所示。

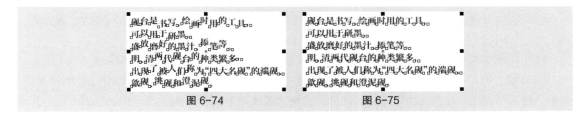

图 6-74　　　　　　　　　　图 6-75

6.2 文本效果

在 CorelDRAW 2020 中，可以根据设计制作任务的需要，制作多种文本效果。下面具体讲解文本效果的制作方式。

6.2.1 课堂案例——制作美食杂志内页

【案例学习目标】学习使用"文本"工具、"栏"命令和"文本"泊坞窗制作美食杂志内页。

【案例知识要点】使用"导入"命令、"椭圆形"工具和"置于图文框内部"命令制作 PowerClip 效果，使用"栏"命令制作文字分栏效果，使用"文本"工具、"文本"泊坞窗添加内页文字，使用"矩形"工具、"圆角半径"选项和"文本"工具制作火锅分类模块，美食杂志内页效果如图 6-76 所示。

【效果所在位置】云盘 \Ch06\ 效果 \ 制作美食杂志内页 .cdr。

图 6-76

1. 制作杂志内页 1

（1）按 Ctrl+N 组合键，弹出"创建新文档"对话框，设置文档的"宽度"为 420 mm，"高度"为 285 mm，"方向"为横向，"原色模式"为"CMYK"，"分辨率"为 300 dpi，单击"OK"按钮，创建一个文档。

（2）选择"布局 > 页面大小"命令，弹出"选项"对话框，选择"页面尺寸"选项，在"出血"数值框中设置数值为 3，勾选"显示出血区域"复选框，如图 6-77 所示。单击"OK"按钮，页面效果如图 6-78 所示。

（3）选择"查看 > 标尺"命令，在视图中显示标尺。选择"选择"工具 ▶，在左侧标尺中拖曳出一条垂直辅助线，在属性栏中将"X"选项设为 210 mm，按 Enter 键，效果如图 6-79 所示。

（4）选择"椭圆形"工具 ○，在适当的位置绘制一个椭圆形，设置图形颜色的 CMYK 值为（0、75、75、0），填充图形，并去除图形的轮廓线，效果如图 6-80 所示。

（5）用相同的方法分别绘制一个椭圆形和一个圆形，并填充相应的颜色，效果如图 6-81 所示。按 Ctrl+I 组合键，弹出"导入"对话框，选择云盘中的"Ch06\ 素材 \ 制作美食杂志内页 \01"文件，单击"导入"按钮。在页面中单击导入图片，选择"选择"工具 ▶，拖曳图片到适当的位置，并调整其大小，效果如图 6-82 所示。

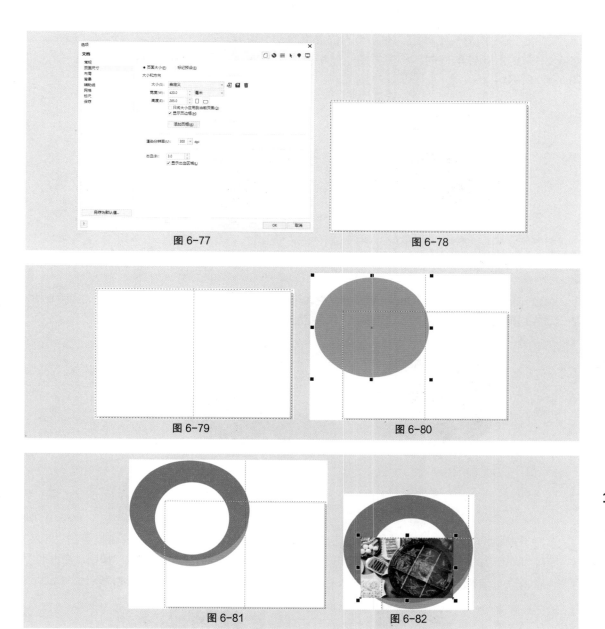

图 6-77　　　　　　　　　　　　　　図 6-78

图 6-79　　　　　　　　　　　　　　图 6-80

图 6-81　　　　　　　　　　　　　　图 6-82

（6）选择"对象 > PowerClip > 置于图文框内部"命令，鼠标指针变为黑色箭头形状，如图 6-83 所示。在白色圆形上单击，将图片置入其中，效果如图 6-84 所示。

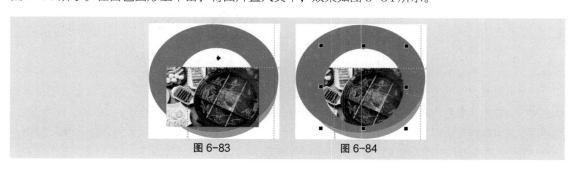

图 6-83　　　　　　　　　　　　　　图 6-84

（7）选择"矩形"工具□，在适当的位置绘制一个矩形，如图 6-85 所示。选择"选择"工具▶，按住 Shift 键的同时，将下方椭圆形和图片同时选取，按 Ctrl+G 组合键，将其群组，如图 6-86 所示。

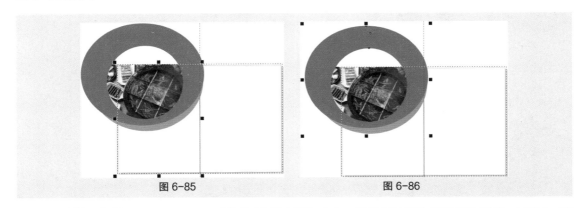

图 6-85　　　　　　　　　　　　　图 6-86

（8）选择"对象 > PowerClip > 置于图文框内部"命令，鼠标指针变为黑色箭头形状，如图 6-87 所示。在矩形上单击，将图片置入矩形中，并去除矩形的轮廓线，效果如图 6-88 所示。

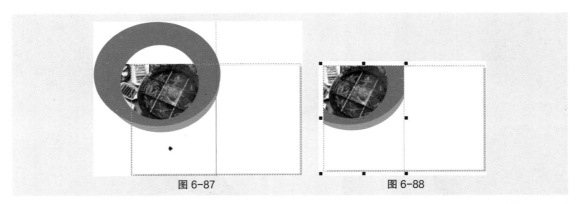

图 6-87　　　　　　　　　　　　　图 6-88

（9）用相同的方法分别导入其他图片，制作图 6-89 所示的效果。按 Ctrl+I 组合键，弹出"导入"对话框，选择云盘中的"Ch06\ 素材 \ 制作美食杂志内页 \05"文件，单击"导入"按钮。在页面中单击导入图片，选择"选择"工具▶，拖曳标志图片到适当的位置，效果如图 6-90 所示。

图 6-89　　　　　　　　　　　　　图 6-90

（10）选择"矩形"工具□，在适当的位置绘制一个矩形，如图 6-91 所示。按 F11 键，弹出"编辑填充"对话框，单击"渐变填充"按钮▣，将预览色带起点颜色的 CMYK 值设为（18、96、100、0），终点颜色的 CMYK 值设为（0、75、75、0），其他选项的设置如图 6-92 所示。单击"OK"按钮，填充图形，并去除图形的轮廓线，效果如图 6-93 所示。

（11）选择"文本"工具 **字**，在页面中输入需要的文字。选择"选择"工具 **↖**，在属性栏中选取适当的字体并设置文字大小，填充文字为白色，效果如图6-94所示。

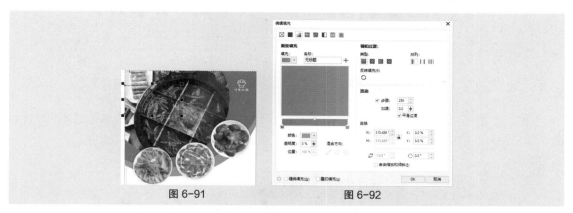

图 6-91　　　　　　　图 6-92

图 6-93　　　　　　　图 6-94

（12）选择"文本"工具 **字**，在适当的位置输入需要的文字。选择"选择"工具 **↖**，在属性栏中选取适当的字体并设置文字大小。设置文字颜色的 CMYK 值为（18、96、100、0），填充文字，效果如图6-95所示。

（13）按 Ctrl+I 组合键，弹出"导入"对话框，选择云盘中的"Ch06\ 素材 \ 制作美食杂志内页 \06"文件，单击"导入"按钮。在页面中单击导入图片，选择"选择"工具 **↖**，拖曳图片到适当的位置，并调整其大小，效果如图6-96所示。在属性栏中的"旋转角度"数值框 ○ 0.0 ° 中设置数值为45，按 Enter 键，效果如图6-97所示。

图 6-95　　　　　　　图 6-96　　　　　　　图 6-97

（14）选择"文本"工具 **字**，在适当的位置拖曳出一个文本框，如图6-98所示。在文本框中输入需要的文字，选择"选择"工具 **↖**，在属性栏中选取适当的字体并设置文字大小。设置文字颜色的 CMYK 值为（18、96、100、0），填充文字，效果如图6-99所示。

图 6-98 图 6-99

（15）按 Ctrl+T 组合键，弹出"文本"泊坞窗，单击"两端对齐"按钮▤，其他选项的设置如图 6-100 所示。按 Enter 键，效果如图 6-101 所示。

图 6-100 图 6-101

（16）选择"文本 > 栏"命令，弹出"栏设置"对话框，各选项的设置如图 6-102 所示。单击"OK"按钮，效果如图 6-103 所示。

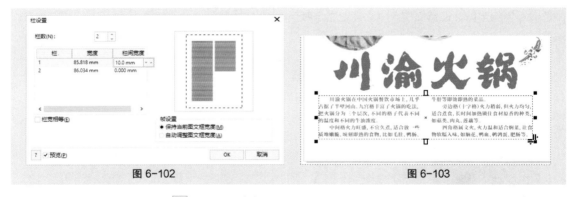

图 6-102 图 6-103

（17）选择"矩形"工具▢，在页面底部适当的位置绘制一个矩形，设置图形颜色的 CMYK 值为（1、82、87、0），填充图形，并去除图形的轮廓线，效果如图 6-104 所示。

（18）选择"文本"工具**字**，在适当的位置输入需要的文字。选择"选择"工具▶，在属性栏中选取适当的字体并设置文字大小，填充文字为白色，效果如图 6-105 所示。

图 6-104 图 6-105

（19）在"文本"泊坞窗中，各选项的设置如图6-106所示。按Enter键，效果如图6-107所示。

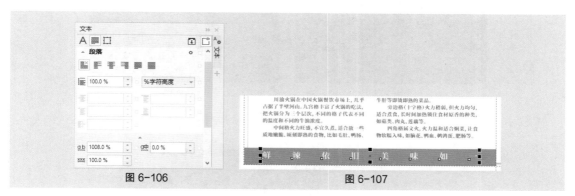

图6-106　　　　　　　　　　　图6-107

2. 制作杂志内页2

（1）选择"矩形"工具□，在适当的位置绘制一个矩形，设置图形颜色的CMYK值为（18、96、100、0），填充图形，并去除图形的轮廓线，效果如图6-108所示。再绘制一个矩形，填充为白色，并去除轮廓线，效果如图6-109所示。

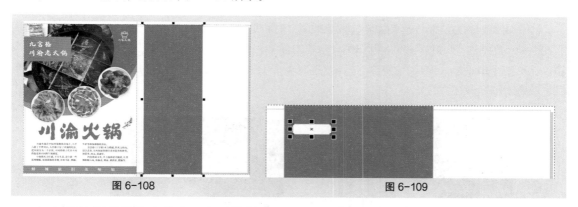

图6-108　　　　　　　　　　　图6-109

（2）保持图形的选取状态。在属性栏中将"圆角半径"选项设为4mm、0mm、0mm、4mm，如图6-110所示。按Enter键，效果如图6-111所示。选择"文本"工具**字**，在适当的位置输入需要的文字。选择"选择"工具，在属性栏中选取适当的字体并设置文字大小。在CMYK调色板中的"红"色块上单击，填充文字，效果如图6-112所示。

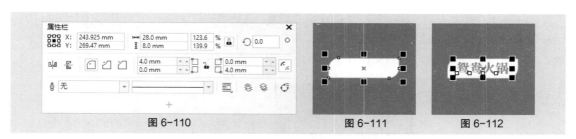

图6-110　　　　　图6-111　　　　　图6-112

（3）选择"文本"工具**字**，在适当的位置拖曳出一个文本框，如图6-113所示。在文本框中输入需要的文字，选择"选择"工具，在属性栏中选取适当的字体并设置文字大小，填充文字为白色，效果如图6-114所示。

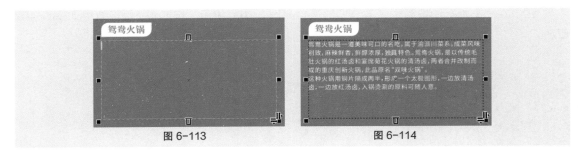

图 6-113　　　　　　　　　　　　　图 6-114

（4）在"文本"泊坞窗中，各选项的设置如图 6-115 所示。按 Enter 键，效果如图 6-116 所示。

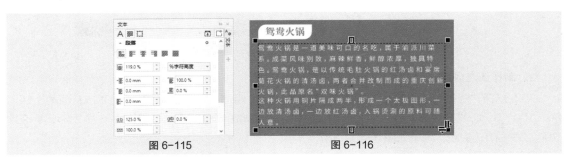

图 6-115　　　　　　　　　　　　　图 6-116

（5）用相同的方法制作其他文字，效果如图 6-117 所示。按 Ctrl+I 组合键，弹出"导入"对话框，选择云盘中的"Ch06\素材\制作美食杂志内页"中的"06""07""08"文件，单击"导入"按钮。在页面中单击导入图片，选择"选择"工具，分别拖曳图片到适当的位置，调整其大小和角度，效果如图 6-118 所示。

图 6-117　　　　　　　　　　　　　图 6-118

（6）选择"椭圆形"工具，按住 Ctrl 键的同时，在适当的位置绘制一个圆形，如图 6-119 所示。按 F12 键，弹出"轮廓笔"对话框，在"颜色"选项中设置轮廓线颜色的 CMYK 值为（18、96、100、0），其他选项的设置如图 6-120 所示。单击"OK"按钮，效果如图 6-121 所示。

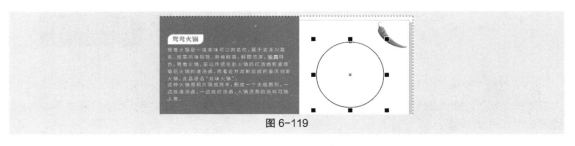

图 6-119

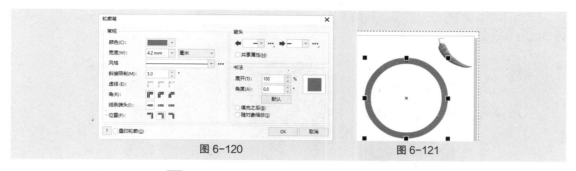

图 6-120   图 6-121

（7）选择"矩形"工具口，在适当的位置绘制一个矩形，设置图形颜色的 CMYK 值为（18、96、100、0），填充图形，并去除图形的轮廓线，效果如图 6-122 所示。

（8）按 Ctrl+I 组合键，弹出"导入"对话框，选择云盘中的"Ch06\ 素材 \ 制作美食杂志内页 \09"文件，单击"导入"按钮。在页面中单击导入图片，选择"选择"工具，拖曳图片到适当的位置，并调整其大小，效果如图 6-123 所示。

图 6-122   图 6-123

（9）连续按 Ctrl+PageDown 组合键，将图片向后移至适当的位置，效果如图 6-124 所示。按住 Shift 键的同时，单击上方红色矩形将其同时选取，如图 6-125 所示。

图 6-124   图 6-125

（10）选择"对象 > PowerClip > 置于图文框内部"命令，鼠标指针变为黑色箭头形状，如图 6-126 所示。在红色圆环上单击，将图片置入红色圆环中，效果如图 6-127 所示。

（11）选择"文本"工具字，在适当的位置输入需要的文字。选择"选择"工具，在属性栏中选取适当的字体并设置文字大小，填充文字为白色，效果如图 6-128 所示。

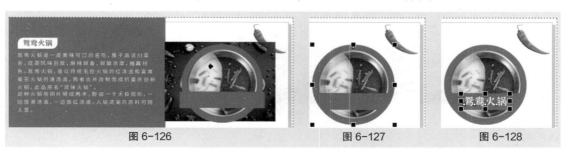

图 6-126   图 6-127   图 6-128

（12）用相同的方法分别导入其他图片，制作图 6-129 所示的效果。美食杂志内页制作完成，效果如图 6-130 所示。

图 6-129　　　　　　　　　　　　　　　图 6-130

6.2.2　文本绕路径排列

选择"文本"工具 **字**，在绘图页面中输入美术字文本，使用"贝塞尔"工具 ✍ 绘制一个闭合路径，选中美术字文本，效果如图 6-131 所示。

选择"文本 > 使文本适合路径"命令，出现 ↩ 图标，将其放在闭合路径上，文本自动绕路径排列，如图 6-132 所示，单击确定使文本绕排，效果如图 6-133 所示。

图 6-131　　　　　　　　　　图 6-132　　　　　　　　　　图 6-133

选中绕路径排列的文本，如图 6-134 所示，属性栏如图 6-135 所示。

图 6-134　　　　　　　　　　　　　　　图 6-135

在属性栏中可以设置"文本方向""与路径的距离""偏移"，从而产生多种文本绕路径排列的效果，如图 6-136 所示。

图 6-136

6.2.3 内置文本

选择"文本"工具 字，在绘图页面中输入美术字文本，使用"贝塞尔"工具 绘制一个图形，选中美术字文本，效果如图 6-137 所示。

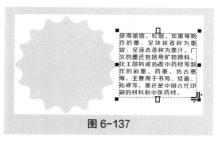

图 6-137

用鼠标右键拖曳文本到图形内，当鼠标指针变为 图标时，松开鼠标右键，弹出快捷菜单，选择"内置文本"命令，如图 6-138 所示。文本被置入图形内，美术字文本自动转换为段落文本，效果如图 6-139 所示。选择"文本 > 段落文本框 > 使文本适合框架"命令，文本和图形对象基本适配，效果如图 6-140 所示。

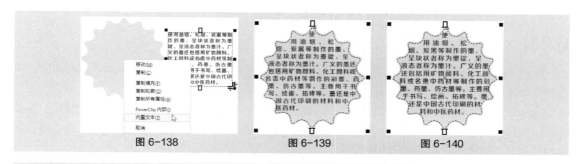

图 6-138　　　　　　图 6-139　　　　　　图 6-140

> **技巧**　选择"对象 > 拆分路径内的段落文本"命令，可以将路径内的文本与路径分离。

6.2.4 段落文本的连接

文本框中经常出现文本被遮住而不能完全显示的问题，如图 6-141 所示。可以通过调整文本框的大小来使文本完全显示，也可以通过多个文本框的连接来使文本完全显示。

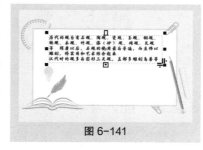

图 6-141

选择"文本"工具 字，单击文本框底部的 图标，鼠标指针变为 图标，在页面中按住鼠标左键不放，沿对角线拖曳鼠标，绘制一个新的文本框，如图 6-142 所示。松开鼠标左键，新绘制的文本框中将显示被遮住的文字，效果如图 6-143 所示。拖曳文本框到适当的位置，效果如图 6-144 所示。

图 6-142　　　　　　图 6-143　　　　　　图 6-144

6.2.5 段落分栏

选择一个段落文本，如图 6-145 所示。选择"文本 > 栏"命令，弹出"栏设置"对话框，将"栏数"设置为 2，"栏间宽度"设置为 8 mm，如图 6-146 所示。设置完成后，单击"OK"按钮，段落文本被分为两栏，效果如图 6-147 所示。

图 6-145　　　　　　　　图 6-146　　　　　　　　图 6-147

6.2.6　文本绕图排列

CorelDRAW 2020 提供了多种文本绕图的方式，应用好文本绕图功能可以使设计制作的杂志或报刊更加生动美观。

选中需要文本绕其排列的位图，如图 6-148 所示。在属性栏中单击"文本换行"按钮 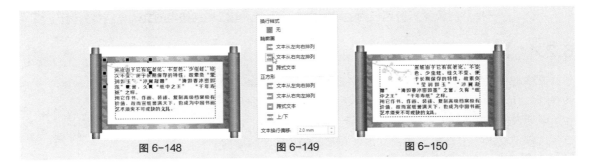，在弹出的下拉菜单中选择需要的文本绕图方式，如图 6-149 所示，文本绕图效果如图 6-150 所示。在"文本换行偏移"数值框中可以设置偏移距离。

图 6-148　　　　　　　　图 6-149　　　　　　　　图 6-150

6.2.7　插入字符

选择"文本"工具 **字**，在文本中适当的位置单击，出现插入文本光标，如图 6-151 所示。选择"文本 > 字形"命令，或按 Ctrl+F11 组合键，弹出"字形"泊坞窗，在需要的字符上双击，或选中字符后单击"复制"按钮，如图 6-152 所示。在页面中粘贴即可将字符插入文本中，效果如图 6-153 所示。

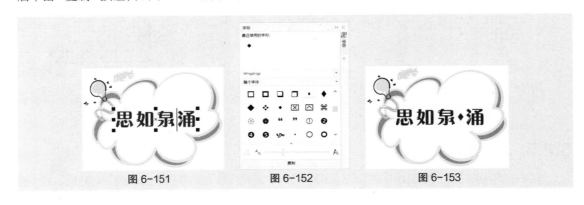

图 6-151　　　　　　　　图 6-152　　　　　　　　图 6-153

6.2.8 将文字转换为曲线

使用 CorelDRAW 2020 编辑好美术字文本后，通常需要把文本转换为曲线。转换后既可以对美术字文本任意变形，又可以使文本对象不会丢失其文本格式。具体操作步骤如下。

使用"选择"工具 ▶ 选中文本，如图 6-154 所示。选择"对象 > 转换为曲线"命令，或按 Ctrl+Q 组合键，将文本转换为曲线，如图 6-155 所示。可使用"形状"工具 ↳ 对曲线文本进行编辑，并修改文本的形状。

图 6-154   图 6-155

6.3 设置制表位和制表符

6.3.1 设置制表位

选择"文本"工具 字，在绘图页面中绘制一个段落文本框，上方的标尺上出现多个制表位，如图 6-156 所示。选择"文本 > 制表位"命令，弹出"制表位设置"对话框，如图 6-157 所示，在该对话框中可以进行制表位的设置。

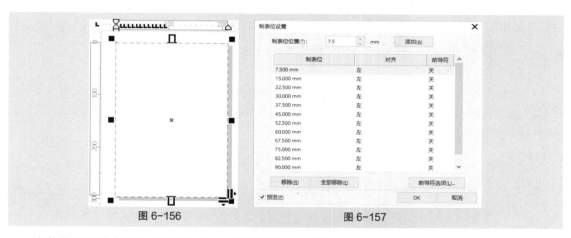

图 6-156   图 6-157

在数值框中输入数值或调整数值，可以设置制表位的距离，如图 6-158 所示。

单击"对齐"选项，出现制表位对齐方式下拉列表，可以设置字符出现在制表位上的位置，如图 6-159 所示。

选中一个制表位，单击"移除"或"全部移除"按钮，可以删除该制表位，单击"添加"按钮，可以增加制表位。设置好制表位后，单击"OK"按钮，可以完成制表位的设置。

> **提示** 在段落文本框中单击，出现插入文本光标，按 Tab 键，每按一次 Tab 键，插入文本光标就会按照新设置的制表位移动。

図 6-158　　　　　　　　　　　　　　図 6-159

6.3.2　设置制表符

　　选择"文本"工具 字，在绘图页面中绘制一个段落文本框，效果如图 6-160 所示。

　　标尺上出现的多个"L"形滑块就是制表符，效果如图 6-161 所示。在任意一个制表符上单击鼠标右键，弹出快捷菜单，在快捷菜单中可以选择该制表符的对齐方式，也可以对网格、标尺和辅助线进行设置，如图 6-162 所示。

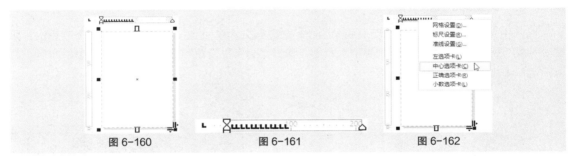

图 6-160　　　　　　　　　　　　图 6-161　　　　　　　　　　　　图 6-162

　　在上方的标尺上拖曳"L"形滑块，可以将制表符移动到适当的位置，效果如图 6-163 所示。在标尺上的任意位置单击，可以添加一个制表符，效果如图 6-164 所示。将制表符拖放到标尺外，就可以删除该制表符。

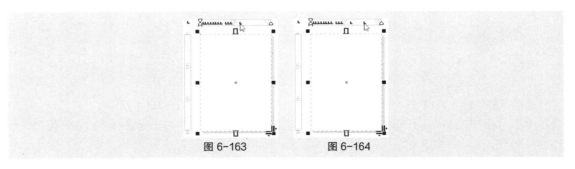

图 6-163　　　　　　　　　　　　图 6-164

6.4　课堂练习——制作女装 Banner 广告

【练习知识要点】使用"文本"工具、"文本"泊坞窗添加标题文字，使用"转换为曲线"

命令、"形状"工具、"多边形"工具编辑标题文字，效果如图 6-165 所示。

【效果所在位置】云盘 \Ch06\ 效果 \ 制作女装 Banner 广告 .cdr。

图 6-165

6.5 课后习题——制作台历

【习题知识要点】使用"矩形"工具和"复制"命令制作挂环，使用"文本"工具和"制表位"命令制作台历日期，使用"文本"工具和"文本"泊坞窗制作月份，使用"2 点线"工具绘制虚线，效果如图 6-166 所示。

【效果所在位置】云盘 \Ch06\ 效果 \ 制作台历 .cdr。

图 6-166

第 7 章

07

特效应用

▶ **本章介绍**

　　CorelDRAW 2020 提供了强大的位图编辑功能及多种特殊效果工具和命令。通过本章的学习，读者可以了解并掌握应用 CorelDRAW 2020 的强大功能来处理和编辑位图的方法，以及应用强大的特殊效果工具制作丰富多彩的图形特效的方法。

学习目标

- 掌握位图的导入和转换方法。
- 熟练掌握创建 PowerClip 效果的方法。
- 了解色调的调整技巧。
- 掌握运用滤镜特效编辑和处理位图的方法。
- 熟练掌握特殊效果的使用方法。

第 7 章简介

技能目标

- 掌握霜降节气海报的制作方法。
- 掌握课程公众号封面首图的制作方法。
- 掌握日历小图标的绘制方法。
- 掌握阅读平台推广海报的制作方法。

素质目标

- 加深学生对中华传统文化的热爱。
- 培养学生热爱阅读的习惯。

7.1 导入和转换为位图图像

CorelDRAW 2020 提供了导入位图图像和将矢量图形转换为位图图像的功能，下面分别介绍。

7.1.1 导入位图图像

选择"文件 > 导入"命令，或按 Ctrl+I 组合键，弹出"导入"对话框，在该对话框左侧的列表框中选择需要的文件夹，在文件夹中选中需要的位图文件，如图 7-1 所示。

选中需要的位图文件后，单击"导入"按钮，鼠标指针变为 图标，如图 7-2 所示。在绘图页面中单击，位图图像被导入绘图页面中，如图 7-3 所示。

图 7-1　　　　　　　　图 7-2　　　　　　　　图 7-3

7.1.2 转换为位图图像

CorelDRAW 2020 提供了将矢量图形转换为位图图像的功能。下面介绍具体的操作方法。

打开一个矢量图形并保持其选取状态，选择"位图 > 转换为位图"命令，弹出"转换为位图"对话框，如图 7-4 所示。在该对话框中进行相应设置，单击"OK"按钮。

"分辨率"选项：在弹出的下拉列表中可以选择要转换为位图图像的分辨率。

"颜色模式"选项：在弹出的下拉列表中可以选择要转换的颜色模式。

"光滑处理"复选框：勾选该复选框后，可以在转换成位图图像后消除位图图像的锯齿。

"透明背景"复选框：勾选该复选框后，可以在转换成位图图像后保留原对象的通透性。

图 7-4

7.2 PowerClip 效果和色调的调整

在 CorelDRAW 2020 中，使用"PowerClip"命令可以将一个对象内置于另外一个容器对象中。

内置的对象可以是任意的，但容器对象必须是创建的封闭路径。使用色调调整命令可以调整图形色调。下面就具体讲解如何置入图形和调整图形的色调。

7.2.1 课堂案例——制作霜降节气海报

【案例学习目标】学习使用"PowerClip"命令和"文本"工具制作霜降节气海报。

【案例知识要点】使用"椭圆形"工具、"高斯式模糊"命令、"导入"命令、"置于图文框内部"命令制作图框剪裁效果，使用"文本"工具、"文本"泊坞窗添加标题文字，霜降节气海报效果如图 7-5 所示。

【效果所在位置】云盘 \Ch07\ 效果 \ 制作霜降节气海报 .cdr。

图 7-5

（1）按 Ctrl+O 组合键，弹出"打开绘图"对话框，选择云盘中的"Ch07\ 素材 \ 制作霜降节气海报 \01"文件，单击"打开"按钮，打开文件，效果如图 7-6 所示。

（2）选择"椭圆形"工具 ◯，按住 Ctrl 键的同时，在适当的位置绘制一个圆形，填充图形为白色，并去除图形的轮廓线，效果如图 7-7 所示。按 Ctrl+C 组合键，复制图形（此图形作为备用）。

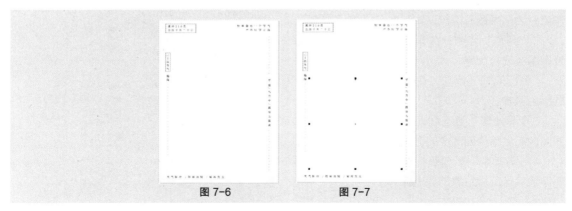

图 7-6　　　　　　　　图 7-7

（3）选择"效果 > 模糊 > 高斯式模糊"命令，在弹出的对话框中进行设置，如图 7-8 所示。单击"OK"按钮，效果如图 7-9 所示。

（4）按 Ctrl+V 组合键，粘贴（备用）图形，在 CMYK 调色板中的"黑"色块上单击鼠标右键，填充图形轮廓线，效果如图 7-10 所示。

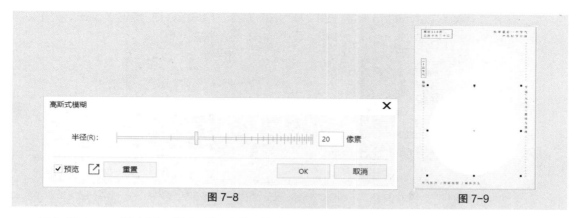

图 7-8

图 7-9

（5）按 Ctrl+I 组合键，弹出"导入"对话框，选择云盘中的"Ch07\ 素材 \ 制作霜降节气海报 \02"文件，单击"导入"按钮，在页面中单击导入图片，选择"选择"工具 ，拖曳图片到适当的位置并调整其大小，效果如图 7-11 所示。按 Ctrl+PageDown 组合键，将图形向后移一层，效果如图 7-12 所示。

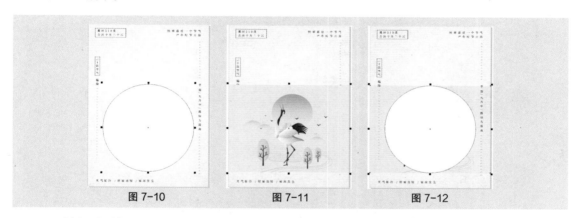

图 7-10

图 7-11

图 7-12

（6）选择"对象 > PowerClip > 置于图文框内部"命令，鼠标指针变为黑色箭头形状，在圆形上单击，如图 7-13 所示，将图片置入圆形中，效果如图 7-14 所示。

（7）按 Ctrl+I 组合键，弹出"导入"对话框，选择云盘中的"Ch07\ 素材 \ 制作霜降节气海报"中的"03""04"文件，单击"导入"按钮。在页面中分别单击导入图片，选择"选择"工具 ，分别拖曳图片到适当的位置并调整其大小，效果如图 7-15 所示。选取下方图片，如图 7-16 所示。

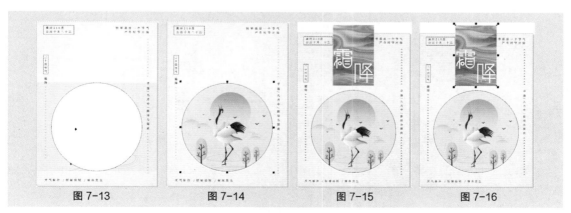

图 7-13

图 7-14

图 7-15

图 7-16

（8）选择"对象 > PowerClip > 置于图文框内部"命令，鼠标指针变为黑色箭头形状，在文字上单击，如图 7-17 所示，将图片置入文字中，效果如图 7-18 所示。

图 7-17　　　　　　　　　　　　　　　图 7-18

（9）选择"文本"工具 **字**，在适当的位置输入需要的文字。选择"选择"工具 ，在属性栏中选取适当的字体并设置文字大小，效果如图 7-19 所示。

（10）选择"文本 > 文本"命令，在弹出的"文本"泊坞窗中进行设置，如图 7-20 所示。按 Enter 键，效果如图 7-21 所示。

图 7-19　　　　　　　　　　图 7-20　　　　　　　　　　图 7-21

（11）按 Ctrl+I 组合键，弹出"导入"对话框，选择云盘中的"Ch07\ 素材 \ 制作霜降节气海报 \05"文件，单击"导入"按钮。在页面中单击导入图片，选择"选择"工具 ，拖曳图片到适当的位置并调整其大小，效果如图 7-22 所示。

（12）选择"文本"工具 **字**，在适当的位置分别输入需要的文字。选择"选择"工具 ，在属性栏中分别选取适当的字体并设置文字大小，单击"将文本更改为垂直方向"按钮 ，更改文本方向，效果如图 7-23 所示。选取左侧文字"霜降"，填充文字为白色，效果如图 7-24 所示。

图 7-22　　　　　　　　　　图 7-23　　　　　　　　　　图 7-24

（13）选取需要的文字，在"文本"泊坞窗中，各选项的设置如图 7-25 所示。按 Enter 键，效果如图 7-26 所示。霜降节气海报制作完成，效果如图 7-27 所示。

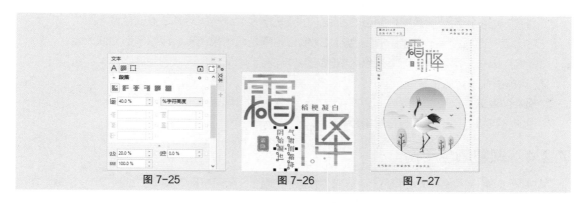

图 7-25   图 7-26   图 7-27

7.2.2 PowerClip 效果

打开一张图片，再绘制一个图形作为容器对象，使用"选择"工具 ▶ 选中要用来内置的图片，如图 7-28 所示。选择"对象 > PowerClip > 置于图文框内部"命令，鼠标指针变为黑色箭头形状，将其放在容器对象内，如图 7-29 所示。单击完成图框的精确剪裁，效果如图 7-30 所示。内置图形的中心和容器对象的中心是重合的。

图 7-28   图 7-29   图 7-30

选择"对象 > PowerClip > 提取内容"命令，可以将容器对象内的内置位图提取出来。

选择"对象 > PowerClip > 编辑 PowerClip"命令，可以修改内置对象。

选择"对象 > PowerClip > 完成编辑 PowerClip"命令，完成内置位图图像的重新选择。

选择"对象 > PowerClip > 复制 PowerClip 自"命令，鼠标指针变为黑色箭头形状，将其放在图框精确剪裁对象上并单击，可复制内置对象。

7.2.3 调整亮度、对比度和强度

打开一个图形，如图 7-31 所示。选择"效果 > 调整 > 亮度 / 对比度 / 强度"命令，或按 Ctrl+B 组合键，弹出"亮度 / 对比度 / 强度"对话框，用鼠标拖曳滑块可以设置各选项的数值，如图 7-32 所示。设置完成后，单击"OK"按钮，图形色调的调整效果如图 7-33 所示。

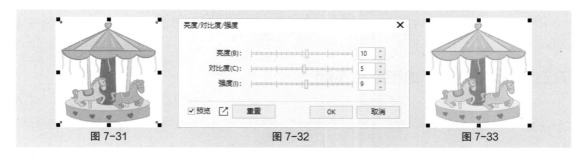

图 7-31   图 7-32   图 7-33

"亮度"选项：用于调整图形颜色的深浅，也就是增大或减小所有像素值的色调范围。

"对比度"选项：用于调整图形颜色的对比度，也就是调整最浅和最深像素值之间的差。

"强度"选项：用于调整图形浅色区域的亮度，同时不降低深色区域的亮度。

⬀：用于显示对照预览框。

"预览"复选框：勾选该复选框后，可以预览对象色调的调整效果。

"重置"按钮：用于重新调整对象色调。

7.2.4　调整颜色平衡

打开一个图形，如图 7-34 所示。选择"效果 > 调整 > 颜色平衡"命令，或按 Ctrl+Shift+B 组合键，弹出"颜色平衡"对话框，用鼠标拖曳滑块可以设置各选项的数值，如图 7-35 所示。设置完成后，单击"OK"按钮，图形色调的调整效果如图 7-36 所示。

CorelDRAW 核心应用案例教程（全彩慕课版）（CorelDRAW 2020）

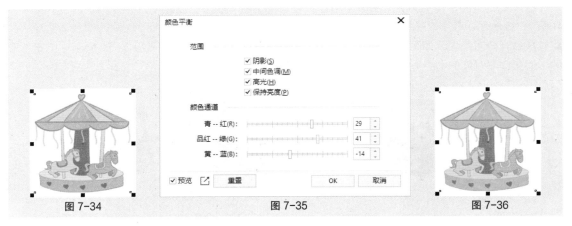

图 7-34　　　　　　　　　　　　图 7-35　　　　　　　　　　　　图 7-36

"颜色平衡"对话框的"范围"设置区中有 4 个复选框，可用于共同或分别设置对象的颜色调整范围。

"阴影"复选框：勾选该复选框后，可以对图形阴影区域的颜色进行调整。

"中间色调"复选框：勾选该复选框后，可以对图形中间色调的颜色进行调整。

"高光"复选框：勾选该复选框后，可以对图形高光区域的颜色进行调整。

"保持亮度"复选框：勾选该复选框后，可以在对图形进行颜色调整的同时保持图形的亮度不变。

"青－红"选项：用于在图形中添加青色和红色。向右拖曳滑块将添加红色，向左拖曳滑块将添加青色。

"品红－绿"选项：用于在图形中添加品红色和绿色。向右拖曳滑块将添加绿色，向左拖曳滑块将添加品红色。

"黄－蓝"选项：用于在图形中添加黄色和蓝色。向右拖曳滑块将添加蓝色，向左拖曳滑块将添加黄色。

7.2.5　调整色度、饱和度和亮度

打开一个图形，如图 7-37 所示。选择"效果 > 调整 > 色度 / 饱和度 / 亮度"命令，或按 Ctrl+Shift+U 组合键，弹出"色调 / 饱和度 / 亮度"对话框，用鼠标拖曳滑块可以设置各选项的数值，如图 7-38 所示。设置完成后，单击"OK"按钮，图形色调的调整效果如图 7-39 所示。

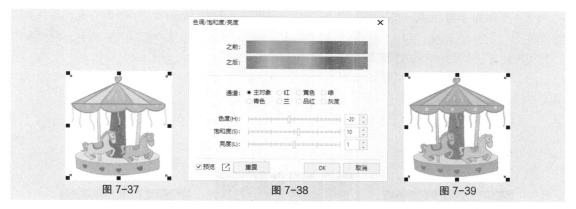

图 7-37　　　　　　　　　　　　图 7-38　　　　　　　　　　　　图 7-39

"通道"选项组：可以选择要调整的主要颜色。

"色度"选项：可以改变图形的颜色。

"饱和度"选项：可以改变图形颜色的深浅程度。

"亮度"选项：可以改变图形颜色的明暗程度。

7.3　滤镜特效

CorelDRAW 2020 提供了多种滤镜特效，可用于对位图图像进行各种效果的处理。灵活使用这些滤镜特效，可以为设计的作品增色不少。下面具体介绍滤镜特效的使用方法。

7.3.1　课堂案例——制作课程公众号封面首图

【案例学习目标】学习使用"艺术笔触"命令、"杂点"命令、"调整"命令和"文本"工具制作课程公众号封面首图。

【案例知识要点】使用"导入"命令、"点彩派"命令和"添加杂点"命令添加和编辑背景图片，使用"亮度 / 对比度 / 强度"命令调整图片色调，使用"矩形"工具和"置于图文框内部"命令制作 PowerClip 效果，使用"文本"工具添加宣传文字，课程公众号封面首图效果如图 7-40 所示。

【效果所在位置】云盘 \Ch07\ 效果 \ 制作课程公众号封面首图 .cdr。

图 7-40

（1）按 Ctrl+N 组合键，弹出"创建新文档"对话框，设置文档的"宽度"为 900 px，"高度"为 383 px，"方向"为横向，"原色模式"为"RGB"，"分辨率"为 72 dpi，单击"OK"按钮，创建一个文档。

（2）按 Ctrl+I 组合键，弹出"导入"对话框，选择云盘中的"Ch07\ 素材 \ 制作课程公众号封面首图 \01"文件，单击"导入"按钮。在页面中单击导入图片，选择"选择"工具，拖曳图片到适当的位置，效果如图 7-41 所示。

（3）选择"效果 > 艺术笔触 > 点彩派"命令，在弹出的对话框中进行设置，如图 7-42 所示。单击"OK"按钮，效果如图 7-43 所示。

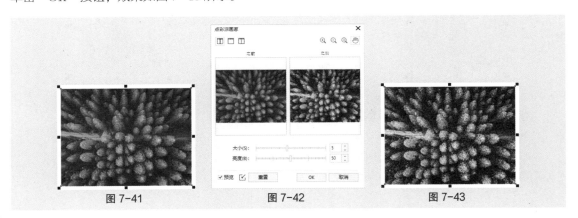

图 7-41　　　　　　　　　　图 7-42　　　　　　　　　　图 7-43

（4）选择"效果 > 杂点 > 添加杂点"命令，在弹出的对话框中进行设置，如图 7-44 所示。单击"OK"按钮，效果如图 7-45 所示。

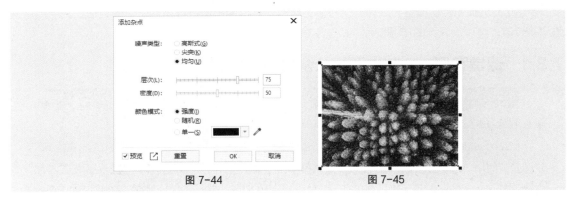

图 7-44　　　　　　　　　　图 7-45

（5）选择"效果 > 调整 > 亮度 / 对比度 / 强度"命令，在弹出的对话框中进行设置，如图 7-46 所示。单击"OK"按钮，效果如图 7-47 所示。

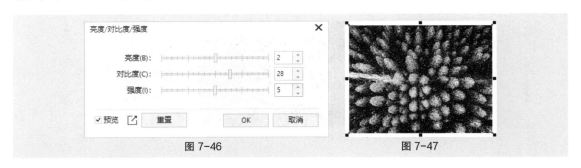

图 7-46　　　　　　　　　　图 7-47

（6）双击"矩形"工具，绘制一个与页面大小相等的矩形，如图 7-48 所示。按 Shift+PageUp 组合键，将矩形移至图层前面，效果如图 7-49 所示。（为了方便读者观看，这里矩形边框以白色显示。）

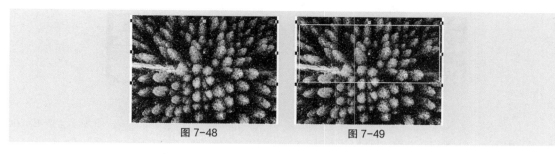

图 7-48　　　　　　　　　　　　　图 7-49

（7）选择"选择"工具 ，选取下方风景图片，选择"对象 > PowerClip > 置于图文框内部"命令，鼠标指针变为黑色箭头形状，在矩形上单击，如图 7-50 所示。将风景图片置入矩形中，并去除图形的轮廓线，效果如图 7-51 所示。

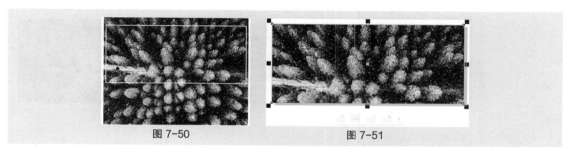

图 7-50　　　　　　　　　　　　　图 7-51

（8）选择"文本"工具 字，在页面中分别输入需要的文字。选择"选择"工具 ，在属性栏中分别选取适当的字体并设置文字大小，填充文字为白色，效果如图 7-52 所示。选择"文本"工具 字，选取英文"PS"，在属性栏中选取适当的字体，效果如图 7-53 所示。

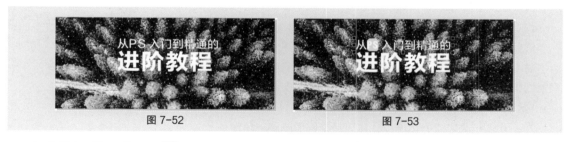

图 7-52　　　　　　　　　　　　　图 7-53

（9）选择"矩形"工具 □，在适当的位置绘制一个矩形，填充图形为白色，并去除图形的轮廓线，如图 7-54 所示。在属性栏中单击"倒棱角"按钮 ，将"圆角半径"选项设为 20 px、0 px、0 px、20 px，如图 7-55 所示。按 Enter 键，效果如图 7-56 所示。

图 7-54　　　　　　　　图 7-55　　　　　　　　图 7-56

（10）选择"文本"工具 字，在适当的位置输入需要的文字。选择"选择"工具 ，在属性栏中选取适当的字体并设置文字大小，效果如图 7-57 所示。设置文字颜色的 RGB 值为（0、51、51），填充文字，效果如图 7-58 所示。

图 7-57　　　　　　　　　　　图 7-58

（11）选择"文本 > 文本"命令，在弹出的"文本"泊坞窗中进行设置，如图 7-59 所示。按 Enter 键，效果如图 7-60 所示。课程公众号封面首图制作完成，效果如图 7-61 所示。

图 7-59　　　　　　　　　图 7-60　　　　　　　　　图 7-61

7.3.2　三维效果

选取导入的位图，选择"效果 > 三维效果"，该子菜单中的命令如图 7-62 所示。CorelDRAW 2020 提供了 6 种不同的三维效果，下面介绍几种常用的三维效果。

图 7-62

1．三维旋转

选择"效果 > 三维效果 > 三维旋转"命令，弹出"三维旋转"对话框，单击其中的 按钮，显示对照预览框，如图 7-63 所示。上方显示的是位图原始效果，下方显示的是完成各项设置后的位图效果。

对话框中各选项的含义如下。

：用鼠标拖曳立方体图标，可以设定图像的旋转角度。

"垂直"选项：用于设置绕垂直轴旋转的角度。

"水平"选项：用于设置绕水平轴旋转的角度。

"最适合"复选框：勾选该复选框后，经过三维旋转后的位图尺寸将接近原来的位图尺寸。

"预览"复选框：勾选该复选框后，可以预览设置后的三维旋转效果。

"重置"按钮：对所有参数重新设置。

2．柱面

选择"效果 > 三维效果 > 柱面"命令，弹出"Cylinder"对话框，如图 7-64 所示。单击该对话框中的 按钮，显示对照预览框。

对话框中各选项的含义如下。

"柱面模式"选项组：可以选择"水平"或"垂直的"模式。

"百分比"选项：用于设置"水平"或"垂直的"模式的百分比。

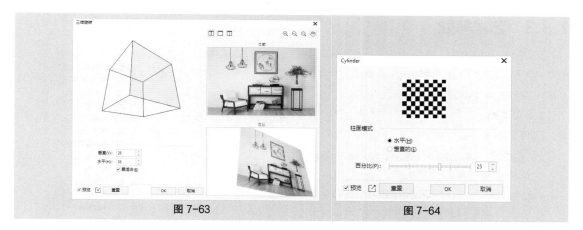

| 图 7-63 | 图 7-64 |

3. 卷页

选择"效果 > 三维效果 > 卷页"命令，弹出"卷页"对话框，如图 7-65 所示。单击该对话框中的按钮，显示对照预览框。

对话框中各选项的含义如下。

：4 个卷页类型按钮，用于设置位图卷起页角的位置。

"方向"选项组："垂直的"或"水平"单选按钮用于设置卷页效果的卷起边缘。

"纸"选项组："透明的"和"不透明"单选按钮用于设置卷页部分是否透明。

"卷曲度"选项：用于设置卷页的颜色。

"背景颜色"选项：用于设置卷页后面的背景颜色。

"宽度"选项：用于设置卷页的宽度。

"高度"选项：用于设置卷页的高度。

4. 球面

选择"效果 > 三维效果 > 球面"命令，弹出"球面"对话框，如图 7-66 所示。单击该对话框中的按钮，显示对照预览框。

对话框中各选项的含义如下。

"优化"选项组：可以选择"速度"或"质量"单选按钮。

"百分比"选项：用于控制位图球面化的程度。

：用于在对照预览框中设定变形的中心点。

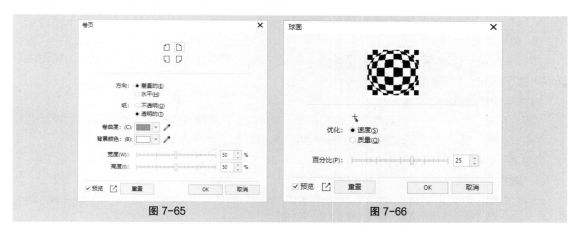

| 图 7-65 | 图 7-66 |

7.3.3 艺术笔触

选取导入的位图，选择"效果 > 艺术笔触"，该子菜单中的命令如图 7-67 所示。CorelDRAW 2020 提供了 14 种不同的艺术笔触效果，下面介绍常用的几种艺术笔触效果。

1. 炭笔画

选择"效果 > 艺术笔触 > 炭笔画"命令，弹出"木炭"对话框，单击其中的 按钮，显示对照预览框，如图 7-68 所示。

对话框中各选项的含义如下。

"大小"选项：用于设置位图炭笔画的大小。

"边缘"选项：用于设置位图炭笔画的黑白度。

2. 印象派

选择"效果 > 艺术笔触 > 印象派"命令，弹出"印象派"对话框，如图 7-69 所示。单击该对话框中的 按钮，显示对照预览框。

对话框中各选项的含义如下。

"样式"选项组：可选择"笔触"或"色块"单选按钮，不同的样式会产生不同的印象派位图效果。

"笔触"选项：用于设置印象派效果笔触大小。

"着色"选项：用于调整印象派效果的颜色，数值越大，颜色越重。

"亮度"选项：用于对印象派效果的亮度进行调节。

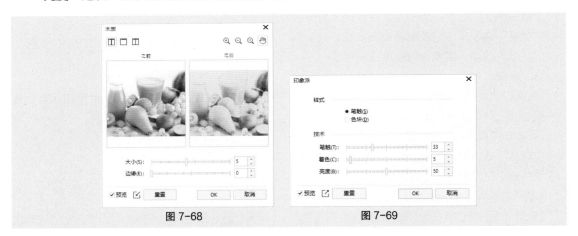

图 7-68　　　　　　　　　　图 7-69

3. 调色刀

选择"效果 > 艺术笔触 > 调色刀"命令，弹出"调色刀"对话框，如图 7-70 所示。单击该对话框中的 按钮，显示对照预览框。

对话框中各选项的含义如下。

"刀片尺寸"选项：用于设置笔触的锋利程度，数值越小，笔触越锋利，位图的刻画效果越明显。

"柔软边缘"选项：用于设置笔触的坚硬程度，数值越大，位图的刻画效果越平滑。

"角度"选项：用于设置笔触的角度。

4. 素描

选择"效果 > 艺术笔触 > 素描"命令，弹出"素描"对话框，如图 7-71 所示。单击该对话框中的 按钮，显示对照预览框。

对话框中各选项的含义如下。

"铅笔类型"选项组：可以选择"碳色"或"颜色"单选按钮，产生黑白或彩色的位图素描效果。

"样式"选项：用于设置从粗糙到精细的画面效果，数值越大，画面就越精细。

"笔芯"选项：用于设置笔芯颜色深浅的变化，数值越大，笔芯越软，画面越精细。

"轮廓"选项：用于设置轮廓的清晰程度，数值越大，轮廓越清晰。

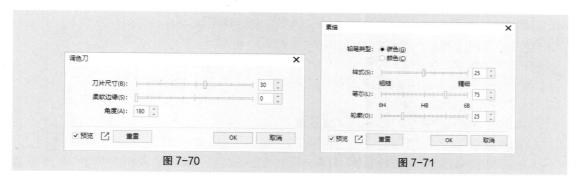

图 7-70　　　　　　　　　图 7-71

7.3.4　模糊

选取导入的位图，选择"效果 > 模糊"，该子菜单中的命令如图 7-72 所示。CorelDRAW 2020 提供了 11 种不同的模糊效果，下面介绍其中两种常用的模糊效果。

1．高斯式模糊

选择"效果 > 模糊 > 高斯式模糊"命令，弹出"高斯式模糊"对话框，单击其中的 按钮，显示对照预览框，如图 7-73 所示。

对话框中选项的含义如下。

"半径"选项：用于设置高斯模糊的程度。

2．缩放

选择"效果 > 模糊 > 缩放"命令，弹出"缩放"对话框，如图 7-74 所示。单击该对话框中的 按钮，显示对照预览框。

对话框中各选项的含义如下。

：在左边的原始图像预览框中单击，可以确定移动模糊的中心位置。

"数量"选项：用于设定图像的模糊程度。

图 7-72

图 7-73　　　　　　　　　　图 7-74

7.3.5　轮廓图

选取导入的位图，选择"效果 > 轮廓图"，该子菜单中的命令如图 7-75 所示。CorelDRAW 2020 提供了 3 种不同的轮廓图效果，下面介绍其中两种常用的轮廓图效果。

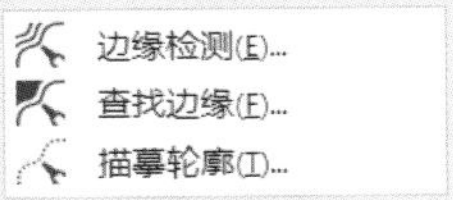

图 7-75

1.　边缘检测

选择"效果 > 轮廓图 > 边缘检测"命令，弹出"边缘检测"对话框，单击其中的 按钮，显示对照预览框，如图 7-76 所示。

对话框中各选项的含义如下。

"背景颜色"选项组：用于设定图像的背景颜色为白色、黑色或其他颜色。

：用于在位图中吸取背景色。

"灵敏度"选项：用于设定探测边缘的灵敏度。

2.　查找边缘

选择"效果 > 轮廓图 > 查找边缘"命令，弹出"查找边缘"对话框，如图 7-77 所示。单击该对话框中的 按钮，显示对照预览框。

对话框中各选项的含义如下。

"边缘类型"选项组：有"软"和"纯色"两种边缘类型，选择不同的类型，会得到不同的效果。

"层次"选项：用于设定效果的纯度。

图 7-76　　　　　　　　　　　　图 7-77

7.3.6　创造性

选取导入的位图，选择"效果 > 创造性"，该子菜单中的命令如图 7-78 所示。CorelDRAW 2020 提供了 11 种不同的创造性效果，下面介绍 4 种常用的创造性效果。

1.　框架

选择"效果 > 创造性 > 框架"命令，弹出"图文框"对话框，单击"修改"选项卡，单击该对话框中的 按钮，显示对照预览框，如图 7-79 所示。

对话框中各选项的含义如下。

"选择"选项卡：用于选择框架，并为选取的列表添加新框架。

"修改"选项卡：用于对框架进行修改，该选项卡中各选项的含义如下。

图 7-78

"水平""垂直"选项：用于设定框架的大小比例。

"旋转"选项：用于设定框架的旋转角度。

"颜色""不透明"选项：分别用于设定框架的颜色和不透明度。

"模糊/羽化"选项：用于设定框架边缘的模糊及羽化程度。

"调和"选项：用于选择框架与图像之间的混合方式。

"翻转"选项组：用于将框架垂直或水平翻转。

"对齐"选项：用于在图像中设定框架效果的中心点。

"回到中心位置"选项：用于在图像中重新设定中心点。

2．马赛克

选择"效果 > 创造性 > 马赛克"命令，弹出"马赛克"对话框，如图 7-80 所示。单击该对话框中的 按钮，显示对照预览框。

对话框中各选项的含义如下。

"大小"选项：用于设置马赛克显示的大小。

"背景色"选项：用于设置马赛克的背景颜色。

"虚光"复选框：勾选该复选框后，可以为马赛克图像添加模糊的羽化框架。

图 7-79　　　　　　　　　　图 7-80

3．彩色玻璃

选择"效果 > 创造性 > 彩色玻璃"命令，弹出"彩色玻璃"对话框，如图 7-81 所示。单击该对话框中的 按钮，显示对照预览框。

对话框中各选项的含义如下。

"大小"选项：用于设定彩色玻璃块的大小。

"光源强度"选项：用于设定彩色玻璃的光源的强度。强度越小，显示越暗；强度越大，显示越亮。

"焊接宽度"选项：用于设定玻璃块焊接处的宽度。

"焊接颜色"选项：用于设定玻璃块焊接处的颜色。

"三维照明"复选框：勾选该复选框后，显示彩色玻璃图像的三维照明效果。

4．虚光

选择"效果 > 创造性 > 虚光"命令，弹出"虚光"对话框，如图 7-82 所示。单击该对话框中

的 □ 按钮，显示对照预览框。

对话框中各选项的含义如下。

"颜色"选项组：用于设定光照的颜色。

"形状"选项组：用于设定光照的形状。

"偏移"选项：用于设定框架的大小。

"褪色"选项：用于设定图像与虚光框架的混合程度。

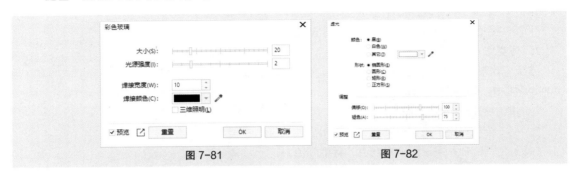

图 7-81　　　　　　　　　　　图 7-82

7.3.7　扭曲

选取导入的位图，选择"效果 > 扭曲"，该子菜单中的命令如图 7-83 所示。CorelDRAW 2020 提供了 11 种不同的扭曲效果，下面介绍几种常用的扭曲效果。

1．块状

选择"效果 > 扭曲 > 块状"命令，弹出"块状"对话框，单击其中的 □ 按钮，显示对照预览框，如图 7-84 所示。

对话框中各选项的含义如下。

"块宽度""块高度"选项：用于设定块状图像的尺寸。

"最大偏移量"选项：用于设定块状图像的打散程度。

"未定义区域"选项：在其下拉列表中可以设定背景部分的颜色。

图 7-83

2．置换

选择"效果 > 扭曲 > 置换"命令，弹出"置换"对话框，如图 7-85 所示。单击该对话框中的 □ 按钮，显示对照预览框。

对话框中各选项的含义如下。

"缩放模式"选项组：可以选择"平铺"或"伸展适合"单选按钮。

▨：可以选择置换的图形。

3．像素

选择"效果 > 扭曲 > 像素"命令，弹出"像素化"对话框，如图 7-86 所示。单击该对话框中的 □ 按钮，显示对照预览框。

对话框中各选项的含义如下。

"像素化模式"选项组：当选择"射线"模式时，可以在对照预览框中设定像素化的中心点。

"宽度""高度"选项：用于设定像素的大小。

"不透明"选项：用于设定像素的不透明度，数值越小，像素就越透明。

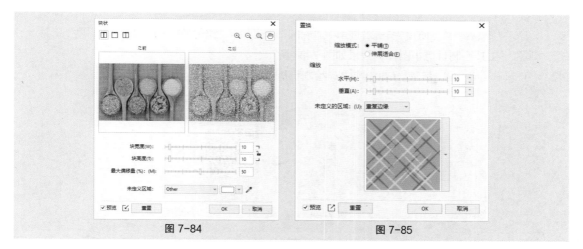

图 7-84   图 7-85

4．龟纹

选择"效果 > 扭曲 > 龟纹"命令，弹出"龟纹"对话框，如图 7-87 所示。单击该对话框中的 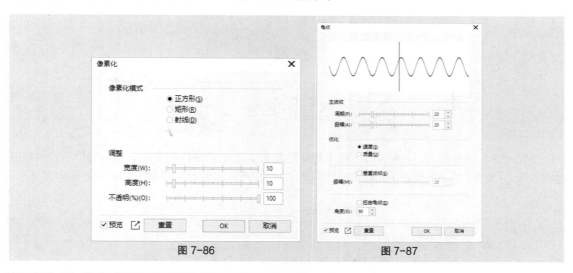 按钮，显示对照预览框。

对话框中选项的含义如下。

"周期""振幅"选项：默认的波纹是与图像的顶端和底端平行的。拖曳滑块，可以设定波纹的周期和振幅，在右边的对照预览框中可以看到波纹的形状。

图 7-86   图 7-87

7.4   特殊效果

在 CorelDRAW 2020 中应用特殊效果和命令可以制作出丰富的图形特效。本节具体介绍几种常用的特殊效果和命令。

7.4.1   课堂案例——绘制日历小图标

【案例学习目标】学习使用图形绘制工具、"透明度"工具、"调和"工具绘制日历小图标。

【案例知识要点】使用"矩形"工具、"椭圆形"工具、"圆角半径"选项、"透明度"工具、"调和"工具绘制日历小图标，效果如图 7-88 所示。

【效果所在位置】云盘 \Ch07\ 效果 \ 绘制日历小图标 .cdr。

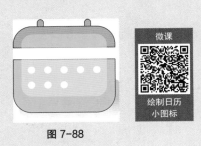

图 7-88

（1）按 Ctrl+N 组合键，弹出"创建新文档"对话框，设置文档的"宽度"为 1024 px，"高度"为 1024 px，"方向"为横向，"原色模式"为"RGB"，"分辨率"为 72 dpi，单击"OK"按钮，创建一个文档。

（2）选择"矩形"工具□，在适当的位置绘制一个矩形，并在属性栏中将"轮廓宽度"选项 🔒 1.0 px ▼ 设置为 4 px。按 Enter 键，效果如图 7-89 所示。

（3）按数字键盘上的 + 键，复制矩形。选择"选择"工具 ▶，按住 Shift 键的同时，垂直向下拖曳复制的矩形到适当的位置，效果如图 7-90 所示。

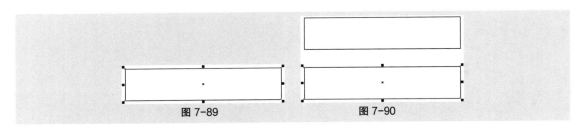

图 7-89　　　　　　　　　图 7-90

（4）选择"选择"工具 ▶，向下拖曳复制的矩形下边中间的控制手柄到适当的位置，调整其大小，如图 7-91 所示。设置图形颜色的 RGB 值为（255、166、33），填充图形，效果如图 7-92 所示。

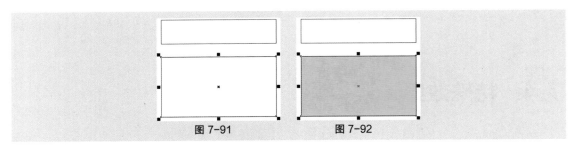

图 7-91　　　　　　　　　图 7-92

（5）在属性栏中将"圆角半径"选项设为 0 px、0 px、172 px、172 px，如图 7-93 所示。按 Enter 键，效果如图 7-94 所示。

（6）选择"选择"工具 ▶，选取上方的矩形，在属性栏中将"圆角半径"选项设为 172 px、172 px、0 px、0 px，如图 7-95 所示。按 Enter 键，效果如图 7-96 所示。设置图形颜色的 RGB 值为（255、93、41），填充图形，效果如图 7-97 所示。

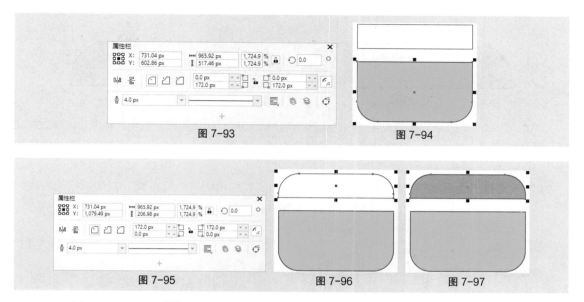

图 7-93　　　　　　　　　　　　　　　　　　图 7-94

图 7-95　　　　　　　　图 7-96　　　　　　　　图 7-97

（7）选择"矩形"工具□，在适当的位置绘制一个矩形，如图 7-98 所示。选择"属性滴管"工具，将鼠标指针放置在下方圆角矩形上，鼠标指针变为图标，如图 7-99 所示。在圆角矩形上单击，吸取属性，鼠标指针变为◇图标，在新绘制的图形上单击，粘贴复制的属性，效果如图 7-100 所示。

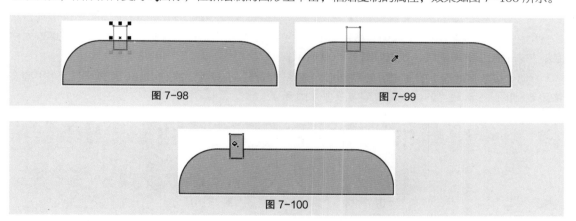

图 7-98　　　　　　　　　　　　　　　　　　图 7-99

图 7-100

（8）选择"选择"工具，在属性栏中将"圆角半径"选项设为 34 px、34 px、0 px、0 px，如图 7-101 所示。按 Enter 键，效果如图 7-102 所示。

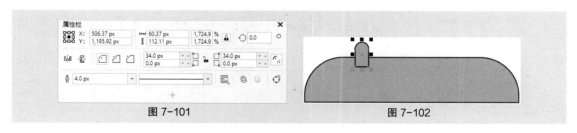

图 7-101　　　　　　　　　　　　　　　　　图 7-102

（9）按 Shift+PageDown 组合键，将圆角矩形向后移一层，效果如图 7-103 所示。按数字键盘上的 + 键，复制圆角矩形。选择"选择"工具，按住 Shift 键的同时，水平向右拖曳复制的圆角矩形到适当的位置，效果如图 7-104 所示。

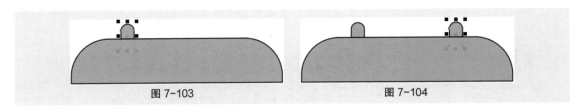

图 7-103   图 7-104

（10）选择"矩形"工具□，在适当的位置绘制一个矩形，填充图形为白色，并去除图形的轮廓线，效果如图 7-105 所示。在属性栏中将"圆角半径"选项均设为 104 px。按 Enter 键，效果如图 7-106 所示。

（11）选择"透明度"工具▨，在属性栏中单击"均匀透明度"按钮▨，其他选项的设置如图 7-107 所示。按 Enter 键，透明效果如图 7-108 所示。

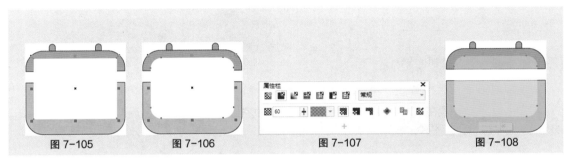

图 7-105   图 7-106   图 7-107   图 7-108

（12）选择"椭圆形"工具○，按住 Ctrl 键的同时，在适当的位置绘制一个圆形，填充图形为白色，并去除图形的轮廓线，效果如图 7-109 所示。

（13）按数字键盘上的 + 键，复制圆形。选择"选择"工具▶，按住 Shift 键的同时，水平向右拖曳复制的圆形到适当的位置，效果如图 7-110 所示。

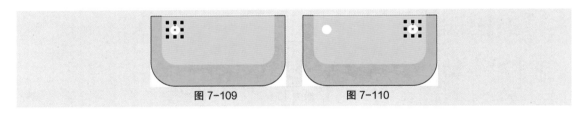

图 7-109   图 7-110

（14）选择"调和"工具◈，在两个圆形之间拖曳鼠标添加调和效果，属性栏中的设置如图 7-111 所示。按 Enter 键，效果如图 7-112 所示。

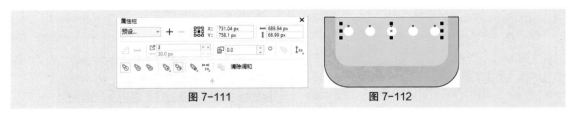

图 7-111   图 7-112

（15）选择"选择"工具▶，按数字键盘上的 + 键，复制选中的圆形。按住 Shift 键的同时，竖直向下拖曳复制的圆形到适当的位置，效果如图 7-113 所示。按 Ctrl+K 组合键，拆分混合。按 Ctrl+U 组合键，取消图形群组。用圈选的方法选取不需要的圆形，如图 7-114 所示，按 Delete 键，将其删除。

（16）选择"矩形"工具 □，在适当的位置绘制一个矩形，如图 7-115 所示。在 RGB 调色板中的"30% 黑"色块上单击，填充图形，并去除图形的轮廓线，效果如图 7-116 所示。

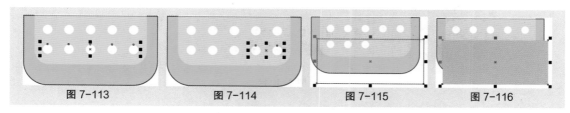

图 7-113　　　　　　　图 7-114　　　　　　　图 7-115　　　　　　　图 7-116

（17）在属性栏中将"圆角半径"选项设为 0 px、32 px、128 px、128 px，如图 7-117 所示。按 Enter 键，效果如图 7-118 所示。

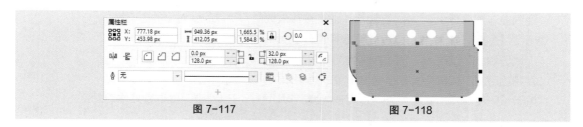

图 7-117　　　　　　　　　　　　图 7-118

（18）选择"透明度"工具 ▦，在属性栏中单击"渐变透明度"按钮 ▧，其他选项的设置如图 7-119 所示。按 Enter 键，透明效果如图 7-120 所示。

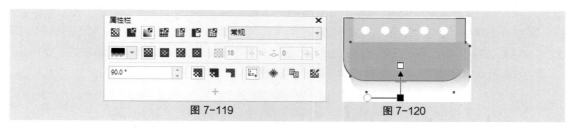

图 7-119　　　　　　　　　　　　图 7-120

（19）选择"选择"工具 ▸，按 Shift+PageDown 组合键，将圆角矩形向后移一层，效果如图 7-121 所示。日历小图标绘制完成，效果如图 7-122 所示。

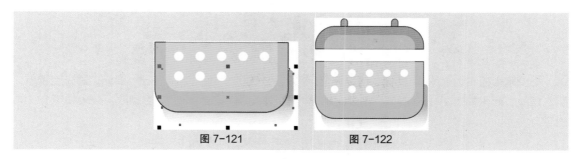

图 7-121　　　　　　　　　　　图 7-122

7.4.2　透明度效果

使用"透明度"工具 ▦ 可以制作出如均匀、渐变、图案和底纹等许多漂亮的透明效果。

打开一个图形，使用"选择"工具 ▸ 选取要添加透明效果的装饰包图形，如图 7-123 所示。选择"透明度"工具 ▦，在属性栏中可以选择一种透明类型，这里单击"均匀透明度"按钮 ▨，其他选项的设置如图 7-124 所示。图形的透明效果如图 7-125 所示。

图 7-123 图 7-124 图 7-125

"透明度"工具属性栏中各选项的含义如下。

"无透明度"按钮 ▧：用于清除对象中的透明效果。

▧ ▧ ▧ ▧ ▧ ▧ 、常规 ▾：用于选择透明类型和合并模式。

"透明度"选项 ▧ 50 ✛：拖曳滑块或直接输入数值，可以改变对象的透明度。

透明度目标按钮 ▧ ▧ ▧：设置应用透明度到"全部""填充"或"轮廓"。

"冻结透明度"按钮 ✻：用于冻结当前视图的透明度。

"复制透明度"按钮 ▧：用于复制对象的透明效果。

"编辑透明度"按钮 ▧：打开"编辑透明度"对话框，可以对透明度进行具体的设置。

7.4.3 阴影效果

阴影效果是经常使用的一种特效，使用"阴影"工具 ▢ 可以快速给图形制作阴影效果，还可以设置阴影的透明度、角度、位置、颜色和羽化程度。下面介绍如何制作阴影效果。

打开一个图形，使用"选择"工具 ▸ 选取要制作阴影效果的图形，如图 7-126 所示。选择"阴影"工具 ▢，将鼠标指针放在图形上，按住鼠标左键并向阴影投射的方向拖曳鼠标，如图 7-127 所示。到适当的位置后松开鼠标左键，阴影效果如图 7-128 所示。

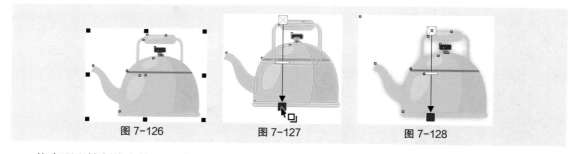

图 7-126 图 7-127 图 7-128

拖曳阴影控制线上的 ▭ 图标，可以调节阴影的透光程度。拖曳时越靠近 ⊠ 图标，透光度越小，阴影越淡，效果如图 7-129 所示。拖曳时越靠近 ■ 图标，透光度越大，阴影越浓，效果如图 7-130 所示。

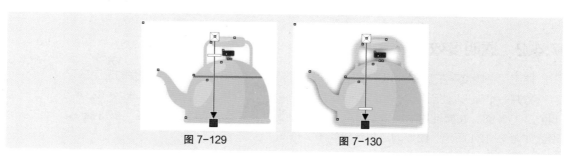

图 7-129 图 7-130

"阴影"工具属性栏如图 7-131 所示。各选项的含义如下。

"预设列表"选项 预设... ▾：用于选择需要的预设阴影效果。单击"预设列表"选项后面的 **+** 或 **—** 按钮，可以添加或删除预设列表中的阴影效果。

"阴影颜色"选项 ▾：用于改变阴影的颜色。

"阴影不透明度"选项 ▨ 50 **+**：用于设置阴影的不透明度。

"阴影羽化"选项 ◗ 15 **+**：用于设置阴影的羽化程度。

"羽化方向"按钮 ：用于设置阴影的羽化方向。单击此按钮可弹出"羽化方向"下拉菜单，如图 7-132 所示。

"羽化边缘"按钮 ：用于设置阴影的羽化边缘模式。单击此按钮可弹出"羽化边缘"下拉菜单，如图 7-133 所示。

"阴影偏移"选项 0.0 mm、"阴影角度"选项 270 **+**：分别用于设置阴影的偏移位置和角度。

"阴影延展"选项 100 **+**、"阴影淡出"选项 0 **+**：分别用于调整阴影的长度和边缘的淡化程度。

图 7-131 图 7-132 图 7-133

7.4.4　轮廓效果

轮廓效果是图形向内部或者外部放射的层次效果，它由多个同心线圈组成。下面介绍如何制作轮廓效果。

绘制一个图形，如图 7-134 所示。选择"轮廓图"工具 ，在图形轮廓上方的节点上按住鼠标左键并向内拖曳至适当的位置，松开鼠标左键，效果如图 7-135 所示。

"轮廓图"工具属性栏如图 7-136 所示。各选项的含义如下。

图 7-134 图 7-135 图 7-136

"预设列表"选项 预设... ▾：用于选择预设的样式。

"内部轮廓"按钮 、"外部轮廓"按钮 ：分别用于使对象产生向内和向外的轮廓图。

"到中心"按钮 ：根据设置的偏移值一直向内创建轮廓图，效果如图 7-137 所示。

"轮廓图步长"选项 1、"轮廓图偏移"选项 3.231 mm：分别用于设置轮廓图的步数和偏移值，如图 7-138 和图 7-139 所示。

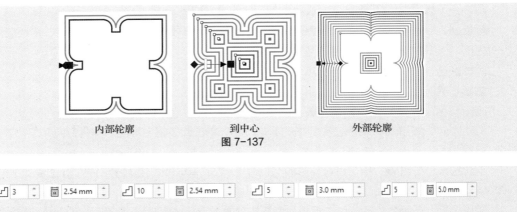

内部轮廓　　　　　　到中心　　　　　　外部轮廓

图 7-137

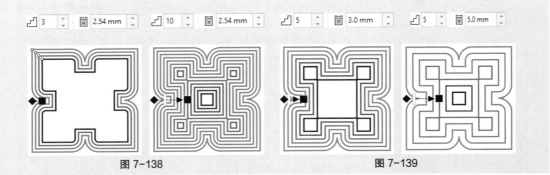

图 7-138　　　　　　　　　　　　　图 7-139

"轮廓色"选项 ![icon] ■ ▼：用于设定最内一圈轮廓线的颜色。

"填充色"选项 ◇ ■ ▼：用于设定轮廓图的颜色。

7.4.5　调和效果

"调和"工具 ![icon] 是 CorelDRAW 2020 中应用最广泛的工具之一。使用该工具制作出的调和效果可以在图形对象间产生形状、颜色的平滑变化。下面具体讲解调和效果的使用方法。

打开两个要制作调和效果的图形，如图 7-140 所示。选择"调和"工具 ![icon]，将鼠标指针放在左边的图形上，鼠标指针变为 ![icon] 图标，按住鼠标左键并拖曳鼠标到右边的图形上，如图 7-141 所示。松开鼠标左键，两个图形的调和效果如图 7-142 所示。

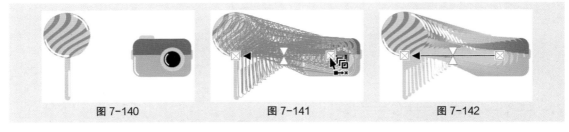

图 7-140　　　　　　　图 7-141　　　　　　　图 7-142

"调和"工具属性栏如图 7-143 所示。各选项的含义如下。

图 7-143

"调和对象"选项 ![icon] 20　▼▲：用于设置调和的步数和步长间距，效果如图 7-144 所示。

"调和方向"选项 ![icon] 0.0 ▼▲：用于设置调和的方向，效果如图 7-145 所示。

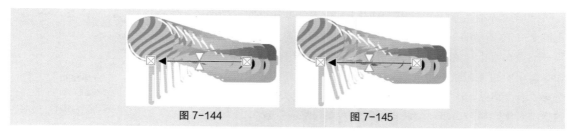

图 7-144   图 7-145

"环绕调和"按钮：调和的图形除了自身旋转，同时将以起点图形和终点图形的中间位置为旋转中心做旋转分布，如图 7-146 所示。

"直接调和"按钮、"顺时针调和"按钮、"逆时针调和"按钮：用于设定调和对象之间颜色过渡的方向，效果如图 7-147 所示。

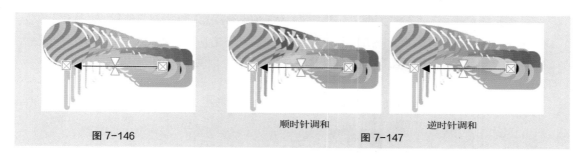

图 7-146   顺时针调和   逆时针调和
                                          图 7-147

"对象和颜色加速"按钮：用于调整调和中对象显示和颜色更改的速率。单击此按钮，弹出图 7-148 所示的面板，拖曳滑块到适当的位置，对象加速调和效果如图 7-149 所示，颜色加速调和效果如图 7-150 所示。

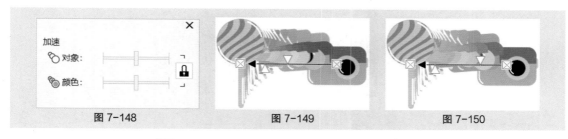

图 7-148   图 7-149   图 7-150

"调整加速大小"按钮：用于控制调和中对象大小更改的速率。

"起始和结束属性"按钮：用于显示或重新设定调和的起始及终止对象。

"路径属性"按钮：用于使调和对象沿绘制好的路径分布。单击此按钮，弹出图 7-151 所示的下拉菜单。选择"新建路径"命令，鼠标指针变为 图标，在新绘制的路径上单击，如图 7-152 所示。沿路径进行调和的效果如图 7-153 所示。

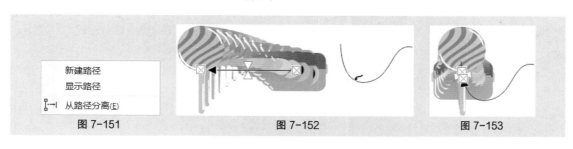

图 7-151   图 7-152   图 7-153

"更多调和选项"按钮：用于进行更多的调和设置。单击此按钮弹出图 7-154 所示的下拉菜单。选择"映射节点"命令，可指定起始对象的某一节点与终止对象的某一节点对应，以产生特殊的调和效果。选择"拆分"命令，可将过渡对象分割成独立的对象，并可与其他对象进行再次调和。选择"沿全路径调和"命令，可以使调和对象自动充满整个路径。选择"旋转全部对象"命令，可以使调和对象的方向与路径一致。

图 7-154

7.4.6　课堂案例——制作阅读平台推广海报

【案例学习目标】学习使用"立体化"工具、"阴影"工具、"调和"工具制作阅读平台推广海报。

【案例知识要点】使用"文本"工具、"文本"泊坞窗添加标题文字，使用"立体化"工具为标题文字添加立体效果，使用"矩形"工具、"调和"工具制作调和效果，使用"导入"命令导入图形元素，使用"阴影"工具为矩形添加阴影效果，阅读平台推广海报效果如图 7-155所示。

【效果所在位置】云盘 \Ch07\ 效果 \ 制作阅读平台推广海报 .cdr。

图 7-155

（1）按 Ctrl+N 组合键，弹出"创建新文档"对话框，设置文档的"宽度"为 1242 px，"高度"为 2208 px，"方向"为纵向，"原色模式"为"RGB"，"分辨率"为 72 dpi，单击"OK"按钮，创建一个文档。

（2）双击"矩形"工具□，绘制一个与页面大小相等的矩形，如图 7-156 所示。设置图形颜色的 RGB 值为（5、138、74），填充图形，并去除图形的轮廓线，效果如图 7-157 所示。

（3）按数字键盘上的 + 键，复制矩形。选择"选择"工具，向右拖曳矩形左边中间的控制手柄到适当的位置，调整其大小，如图 7-158 所示。设置图形颜色的 RGB 值为（250、178、173），填充图形，效果如图 7-159 所示。

（4）选择"文本"工具字，在页面中输入需要的文字。选择"选择"工具，在属性栏中选取适当的字体并设置文字大小，填充文字为白色，效果如图 7-160 所示。

（5）选择"文本 > 文本"命令，在弹出的"文本"泊坞窗中进行设置，如图 7-161 所示。按Enter 键，效果如图 7-162 所示。

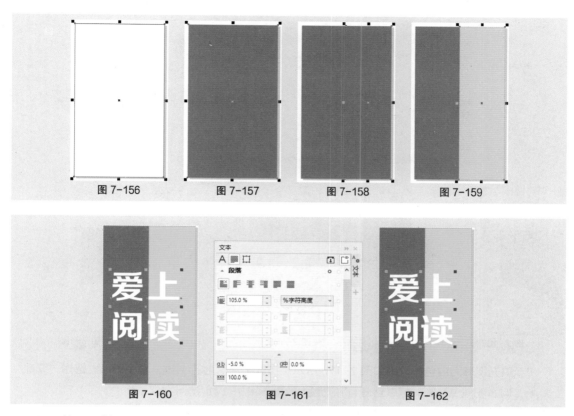

图 7-156　　　　　　图 7-157　　　　　　图 7-158　　　　　　图 7-159

图 7-160　　　　　　图 7-161　　　　　　图 7-162

（6）按 F12 键，弹出"轮廓笔"对话框，在"颜色"选项中设置轮廓线颜色的 RGB 值为（102、102、102），其他选项的设置如图 7-163 所示。单击"OK"按钮，效果如图 7-164 所示。

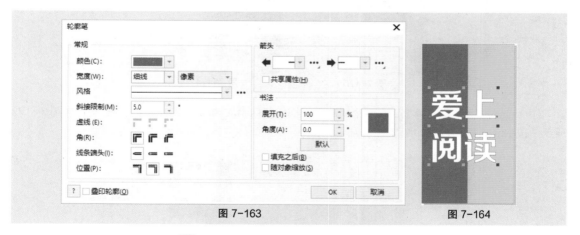

图 7-163　　　　　　　　　　　　　　　　图 7-164

（7）选择"立体化"工具，由文字中心向右上方拖曳鼠标，在属性栏中单击"立体化颜色"按钮，在弹出的面板中单击"使用纯色"按钮，设置立体色的 RGB 值为（255、219、211），其他选项的设置如图 7-165 所示。按 Enter 键，效果如图 7-166 所示。

（8）选择"矩形"工具，在适当的位置绘制一个矩形，如图 7-167 所示。在属性栏中单击"倒棱角"按钮，将"圆角半径"选项设为 0 px、0 px、0 px、100 px，其他选项的设置如图 7-168 所示。按 Enter 键，效果如图 7-169 所示。

图 7-165

图 7-166

图 7-167

图 7-168

图 7-169

（9）填充图形为白色，效果如图 7-170 所示。按数字键盘上的 + 键，复制矩形。选择"选择"工具 ▶，向右下拖曳复制的矩形到适当的位置，效果如图 7-171 所示。

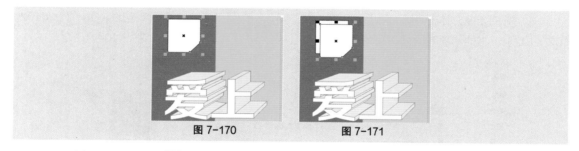

图 7-170

图 7-171

（10）选择"调和"工具 ◈，在两个矩形之间拖曳鼠标添加调和效果，属性栏中的设置如图 7-172 所示。按 Enter 键，效果如图 7-173 所示。

图 7-172

图 7-173

（11）选择"矩形"工具 □，在适当的位置绘制一个矩形，如图 7-174 所示。在属性栏中单击"倒棱角"按钮 ◻ 将"圆角半径"选项设为 0 px、0 px、0 px、100 px，其他选项的设置如图 7-175 所示。按 Enter 键，效果如图 7-176 所示。

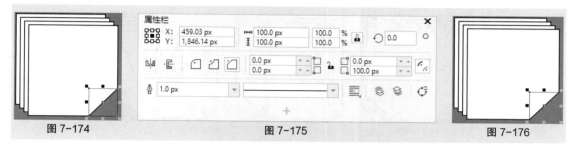

图 7-174　　　　　　　　　　　图 7-175　　　　　　　　　　图 7-176

（12）保持图形选取状态。设置图形颜色的 RGB 值为（250、178、173），填充图形，效果如图 7-177 所示。选择"手绘"工具，在适当的位置绘制一条斜线，效果如图 7-178 所示。

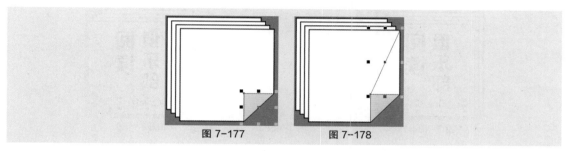

图 7-177　　　　　　　　　　　图 7-178

（13）按 F12 键，弹出"轮廓笔"对话框，在"颜色"选项中设置轮廓线颜色为黑色，其他选项的设置如图 7-179 所示。单击"OK"按钮，效果如图 7-180 所示。

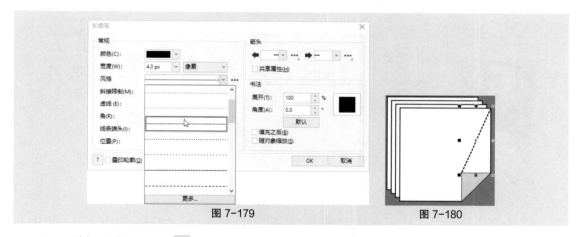

图 7-179　　　　　　　　　　图 7-180

（14）选择"选择"工具，按数字键盘上的 + 键，复制斜线。按住 Shift 键的同时，水平向左拖曳复制的斜线到适当的位置，效果如图 7-181 所示。向内拖曳左下角的控制手柄到适当的位置，调整斜线长度，效果如图 7-182 所示。

（15）选择"文本"工具字，在适当的位置输入需要的文字。选择"选择"工具，在属性栏中选取适当的字体并设置文字大小，单击"将文本更改为垂直方向"按钮，更改文本方向，效果如图 7-183 所示。

（16）选择"文本"工具字，在适当的位置输入需要的文字。选择"选择"工具，在属性栏中选取适当的字体并设置文字大小，单击"将文本更改为水平方向"按钮，更改文本方向，效果如图 7-184 所示。在"文本"泊坞窗中，各选项的设置如图 7-185 所示。按 Enter 键，效果如图 7-186 所示。

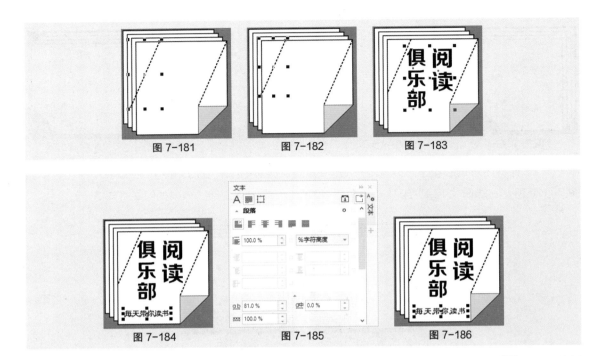

图 7-181　　　　　　　　　　图 7-182　　　　　　　　　　图 7-183

图 7-184　　　　　　　　　　图 7-185　　　　　　　　　　图 7-186

（17）选择"文本"工具**字**，在适当的位置输入需要的文字。选择"选择"工具，在属性栏中选取适当的字体并设置文字大小，效果如图 7-187 所示。在"文本"泊坞窗中，各选项的设置如图 7-188 所示。按 Enter 键，效果如图 7-189 所示。

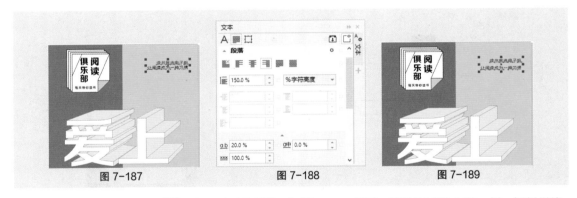

图 7-187　　　　　　　　　　图 7-188　　　　　　　　　　图 7-189

（18）选择"选择"工具，选取需要的斜线，如图 7-190 所示，按数字键盘上的 + 键，复制斜线。向右拖曳复制的斜线到适当的位置，效果如图 7-191 所示。

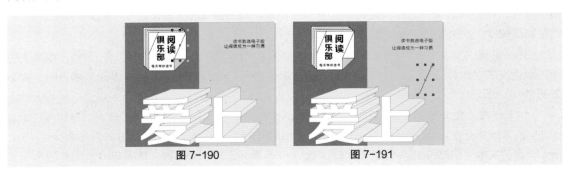

图 7-190　　　　　　　　　　图 7-191

（19）按 Ctrl+I 组合键，弹出"导入"对话框，选择云盘中的"Ch07\ 素材 \ 制作阅读平台推广海报 \01"文件，单击"导入"按钮。在页面中单击导入图片，选择"选择"工具，拖曳图片到适当的位置，效果如图 7-192 所示。

（20）选择"矩形"工具，在适当的位置绘制一个矩形，在 RGB 调色板中的"10% 黑"色块上单击，填充图形，并去除图形的轮廓线，效果如图 7-193 所示。再绘制一个矩形，填充图形为白色，并去除图形的轮廓线，效果如图 7-194 所示。

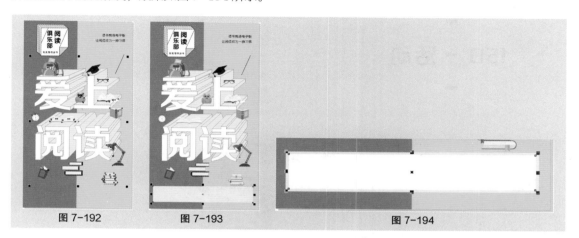

图 7-192　　　　　图 7-193　　　　　图 7-194

（21）选择"阴影"工具，在白色矩形中从上向下拖曳，为矩形添加阴影效果，属性栏中的设置如图 7-195 所示。按 Enter 键，效果如图 7-196 所示。

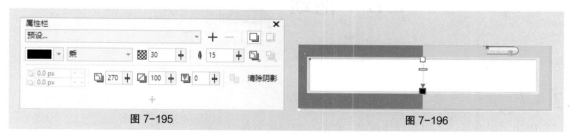

图 7-195　　　　　　　　　　图 7-196

（22）选择"矩形"工具，在适当的位置绘制一个矩形，如图 7-197 所示。选择"文本"工具，在适当的位置分别输入需要的文字。选择"选择"工具，在属性栏中分别选取适当的字体并设置文字大小，效果如图 7-198 所示。

图 7-197　　　　　　　　　　图 7-198

（23）选择"手绘"工具，按住 Ctrl 键的同时，在适当的位置绘制一条直线，如图 7-199 所示。按 F12 键，弹出"轮廓笔"对话框，在"颜色"选项中设置轮廓线颜色为黑色，其他选项的设置如图 7-200 所示。单击"OK"按钮，效果如图 7-201 所示。阅读平台推广海报制作完成，效果如图 7-202 所示。

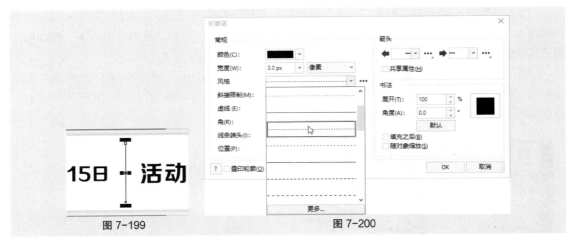

图 7-199   图 7-200

图 7-201   图 7-202

7.4.7 变形效果

使用"变形"工具 ▨ 可以使图形的变形操作更加方便。变形后可以产生不规则的图形外观，变形后的图形效果更具弹性、更加奇特。

选择"变形"工具 ▨，属性栏如图 7-203 所示。属性栏中有 3 种变形方式，分别是"推拉变形" ⊕、"拉链变形" ❁ 和"扭曲变形" ⊠。

图 7-203

1. 推拉变形

绘制一个图形，如图 7-204 所示。单击属性栏中的"推拉变形"按钮 ⊕，在图形上按住鼠标左键并向左拖曳鼠标，如图 7-205 所示。变形的效果如图 7-206 所示。

在属性栏的"推拉振幅"数值框 ∿ 10 ⬍ 中，可以输入数值来控制推拉变形的幅度，取值范围为 -200 ～ 200。单击"居中变形"按钮 ⊕，可以将变形的中心移至图形的中心。单击"转换为曲线"按钮 ⤸，可以将图形转换为曲线。

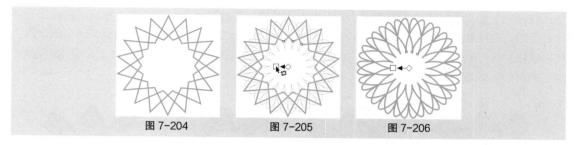

图 7-204 图 7-205 图 7-206

2. 拉链变形

绘制一个图形，如图 7-207 所示。单击属性栏中的"拉链变形"按钮 ，在图形上按住鼠标左键并向右上方拖曳鼠标，如图 7-208 所示。变形的效果如图 7-209 所示。

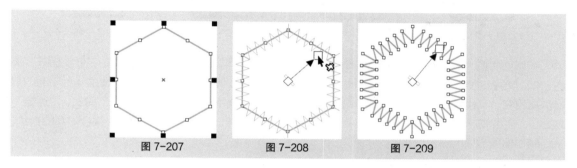

图 7-207 图 7-208 图 7-209

在属性栏的"拉链振幅"数值框 ∧ 59 中，可以输入数值调整变化图形时锯齿的深度。单击"随机变形"按钮 ，可以随机地变化图形锯齿的深度。单击"平滑变形"按钮 ，可以将图形锯齿的尖角变成圆弧。单击"局限变形"按钮 ，随着变形的进行，降低变形效果。

3. 扭曲变形

绘制一个图形，效果如图 7-210 所示。选择"变形"工具 ，单击属性栏中的"扭曲变形"按钮 ，在图形中沿任一方向拖曳鼠标，如图 7-211 所示，变形的效果如图 7-212 所示。

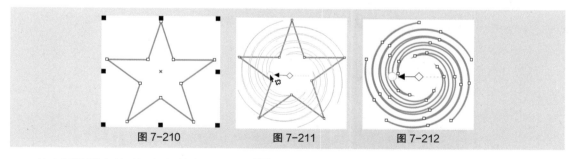

图 7-210 图 7-211 图 7-212

单击属性栏中的"添加新的变形"按钮 ，可以继续在图形中沿任一方向拖曳鼠标，制作新的变形效果。单击"顺时针旋转"按钮 和"逆时针旋转"按钮 ，可以设置旋转的方向。在"完全旋转"数值框 1 中可以设置完全旋转的圈数。在"附加度数"数值框 180 中可以设置旋转的角度。

7.4.8 封套效果

使用"封套"工具 可以快速建立对象的封套效果，使文本、图形都可以产生丰富的变形效果。

打开一个要制作封套效果的图形，如图 7-213 所示。选择"封套"工具 ⬚，单击图形，图形外围显示封套的控制线和控制点，如图 7-214 所示。按住鼠标左键拖曳需要的控制点到适当的位置，松开鼠标左键，可以改变图形的外形，如图 7-215 所示。选择"选择"工具 ▶，按 Esc 键取消选取，图形的封套效果如图 7-216 所示。

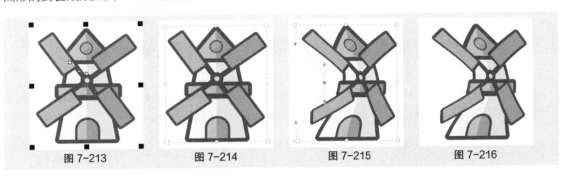

图 7-213　　　　　图 7-214　　　　　图 7-215　　　　　图 7-216

在属性栏的"预设列表"下拉列表 预设... ▾ 中可以选择需要的预设封套效果。"直线模式"按钮 ◻、"单弧模式"按钮 ◻、"双弧模式"按钮 ◻ 和"非强制模式"按钮 ✎ 用于设置 4 种不同的封套编辑模式。"映射模式"下拉列表 自由变形 ▾ 中包含 4 种映射模式，分别是"水平"模式、"原始"模式、"自由变形"模式和"垂直"模式。使用不同的映射模式可以使封套中的对象符合封套的形状，从而制作出所需要的变形效果。

7.4.9　立体效果

立体效果是利用三维空间的立体旋转和光源照射的功能来完成的。使用 CorelDRAW 2020 中的"立体化"工具 ⬡ 可以制作和编辑图形的三维效果。

绘制一个需要立体化的图形，如图 7-217 所示。选择"立体化"工具 ⬡，在图形上按住鼠标左键并向图形右下方拖曳，如图 7-218 所示。拖曳到适当的位置后，松开鼠标左键，图形的立体化效果如图 7-219 所示。

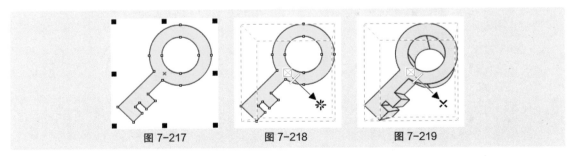

图 7-217　　　　　　　图 7-218　　　　　　　图 7-219

"立体化"工具属性栏如图 7-220 所示，其中各选项的含义如下。

图 7-220

"立体化类型"选项 ◻▾：在其下拉列表中可以选择不同的立体化效果。

"深度"选项 ⬡ 20 ⇕：用于设置图形立体化的深度。

"灭点属性"选项 灭点锁定到对象 ▼：用于设置灭点的属性。

"页面或对象灭点"按钮 ：用于将灭点锁定到对象或页面上，在移动图形时灭点不能移动，且立体化的图形形状会改变。

"立体化旋转"按钮 ：单击此按钮，弹出旋转设置面板，鼠标指针放在三维旋转设置区内会变为手形 ，拖曳鼠标可以在三维旋转设置区中旋转图形，页面中的立体化图形会进行相应的旋转。单击 按钮后，可以在"旋转值"数值框中精确地设置立体化图形的旋转数值。单击 按钮，恢复到面板的默认设置。

"立体化颜色"按钮 ：单击此按钮，弹出立体化图形的颜色设置面板。颜色设置面板中有 3 种颜色设置模式，分别是"使用对象填充"模式 、"使用纯色"模式 和"使用递减的颜色"模式 。

"立体化倾斜"按钮 ：单击此按钮，弹出斜角设置面板，勾选"使用斜角"复选框，可以通过拖曳面板中图的节点来添加斜角效果，也可以在数值框中输入数值来设定斜角。勾选"仅显示斜角"复选框，将只显示立体化图形的斜角修饰边。

"立体化照明"按钮 ：单击此按钮，弹出灯光设置面板，在其中可以为立体化图形添加光源。

7.4.10　块阴影效果

使用"块阴影"工具 可以将矢量阴影应用于对象和文本。和"阴影"工具 不同，块阴影由简单的线条构成，是屏幕输出和标牌制作的理想之选。下面介绍如何制作块阴影效果。

打开一个图形，使用"选择"工具 选中要添加块阴影效果的文本，如图 7-221 所示。选择"块阴影"工具 ，将鼠标指针放在文本上，按住鼠标左键并向阴影投射的方向拖曳鼠标，如图 7-222 所示。块阴影达到所需大小后松开鼠标左键，效果如图 7-223 所示。

图 7-221　　　　　　　　图 7-222　　　　　　　　图 7-223

"块阴影"工具属性栏如图 7-224 所示，其中各选项的含义如下。

图 7-224

"深度"选项 2.457 mm ：用于调整块阴影的深度。

"定向"选项 339.0 ° ：用于设置块阴影的角度。

"块阴影颜色"选项 ▼：用于改变块阴影颜色。

"叠印块阴影"按钮 ：用于设置块阴影在底层对象之上显示。

"简化"按钮 ：用于修剪对象和块阴影之间的重叠区域。

"移除孔洞"按钮 ：用于将块阴影设为不带孔的实线曲线对象。

"从对象轮廓生成"按钮 ：用于在创建块阴影时，包含对象轮廓。

"展开块阴影"选项 0.0 mm ：用于增大块阴影尺寸。

7.4.11　透视效果

在设计和制作图形的过程中，经常会用到透视效果。下面介绍如何在 CorelDRAW 2020 中制作透视效果。

打开要制作透视效果的图形，使用"选择"工具 ，将图形选中，效果如图 7-225 所示。选择"对象 > 添加透视"命令，图形的周围出现了透视线和控制手柄，如图 7-226 所示。拖曳控制手柄，制作需要的透视效果，在拖曳控制手柄时出现了透视点 ，如图 7-227 所示。拖曳透视点 ，可以改变透视效果，如图 7-228 所示。制作好透视效果后，按空格键，确定完成的效果。

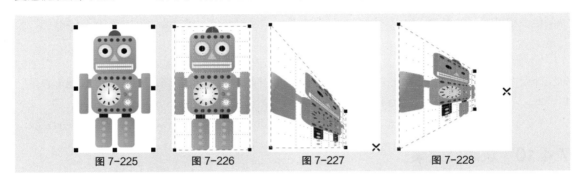

图 7-225　　　　图 7-226　　　　图 7-227　　　　图 7-228

要修改已经制作好的透视效果，需双击图形，再对已有的透视效果进行调整即可。选择"对象 > 清除透视点"命令，可以清除透视效果。

7.4.12　透镜效果

在 CorelDRAW 2020 中，使用透镜功能可以制作出多种特殊效果。下面介绍透镜功能的使用方法和效果。

打开一个图形，使用"选择"工具 选取图形，如图 7-229 所示。选择"效果 > 透镜"命令，或按 Alt+F3 组合键，在弹出的"透镜"泊坞窗中进行设置，如图 7-230 所示，透镜效果如图 7-231 所示。

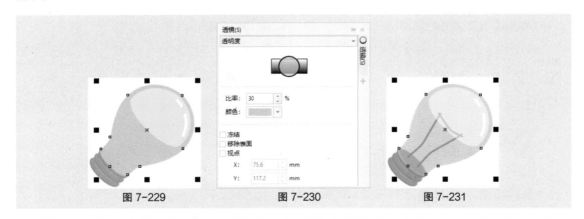

图 7-229　　　　　图 7-230　　　　　图 7-231

"透镜"泊坞窗中有"冻结""移除表面""视点"3 个复选框，勾选它们可以设置透镜效果的公共参数。

"冻结"复选框：勾选该复选框后，可以将透镜下面的图形产生的透镜效果添加成透镜的一部分。产生的透镜效果不会因透镜或图形的移动而改变。

"移除表面"复选框：勾选该复选框后，透镜将只作用于下面的图形，没有图形的页面区域将保持通透性。

"视点"复选框：勾选该复选框后，可以在不移动透镜的情况下，只弹出透镜下面对象的一部分。"视点"下方的"X""Y"选项被激活，在数值框中分别设置数值可以移动视点。

透明度 选项：单击该选项弹出透镜类型下拉列表，如图 7-232 所示。在透镜类型上单击，可以选择需要的透镜。选择不同的透镜，再进行参数的设定，可以制作出不同的透镜效果。

图 7-232

7.5 课堂练习——制作护肤品广告

【练习知识要点】使用"导入"命令添加素材图片，使用"色度/饱和度/亮度"命令、"亮度/对比度/强度"命令调整图片色调，使用"文本"工具、"文本"泊坞窗、"字形"泊坞窗添加宣传语，使用"矩形"工具、"圆角半径"选项、"渐变填充"按钮绘制装饰图形，效果如图 7-233 所示。

【效果所在位置】云盘 \Ch07\ 效果 \ 制作护肤品广告 .cdr。

图 7-233

7.6 课后习题——绘制闹钟插画

【习题知识要点】使用"椭圆形"工具、"轮廓图"工具和填充工具绘制闹钟表盘，使用"折线"工具、"轮廓笔"工具绘制指针，使用"3 点椭圆形"工具、"2 点线"工具绘制"耳朵"和"腿"，效果如图 7-234 所示。

【效果所在位置】云盘 \Ch07\ 效果 \ 绘制闹钟插画 .cdr。

图 7-234

第 8 章
商业案例实训

▶ 本章介绍

　　本章结合多个领域的商业设计项目，通过项目背景、项目要求、项目设计、项目要点、项目制作进一步讲解 CorelDRAW 2020 的设计思路和制作要点。通过本章的学习，读者可以拓宽商业设计思路，熟悉制作要点，设计制作出专业的作品。

学习目标

- 掌握软件基础功能的使用方法。
- 了解 CorelDRAW 2020 在设计领域的应用。
- 掌握 CorelDRAW 2020 在不同设计领域的使用技巧。

第 8 章简介

技能目标

- 掌握家电 App 引导页插画的绘制方法。
- 掌握博物馆讲座海报的制作方法。
- 掌握电商类 App 主页 Banner 的制作方法。
- 掌握刺绣图书封面的制作方法。
- 掌握夹心饼干包装的制作方法。

素质目标

- 培养学生的商业设计思维。
- 培养学生学以致用的能力。
- 培养学生的全局掌控能力。

8.1 插画设计——绘制家电 App 引导页插画

8.1.1 【项目背景】

1. 客户名称

Shine 家电 App。

2. 客户需求

为 Shine 家电 App 绘制引导页插画，用于产品的宣传和推广。

8.1.2 【项目要求】

（1）突出宣传主题，展现出电器美观、新潮的特点。

（2）画面色彩要充满时尚感和现代感，辨识度强，能吸引观者的视线。

（3）风格简洁，版式布局合理有序。

（4）设计规格为 120 mm（宽）×100 mm（高），分辨率为 300 dpi。

8.1.3 【项目设计】

本案例的设计流程如图 8-1 所示。

绘制洗衣机机身　　　　绘制洗衣机按钮和滚筒　　　　最终效果

图 8-1

8.1.4 【项目要点】

使用"矩形"工具、"圆角半径"选项、"椭圆形"工具、"PowerClip"命令、"形状"工具和填充工具绘制洗衣机机身，使用"矩形"工具、"椭圆形"工具、"弧形"按钮和"2 点线"工具绘制洗衣机按钮和滚筒，使用"透明度"工具为滚筒制作透明效果。

8.1.5 【项目制作】

扫码观看
本案例步骤

微课
绘制家电 App
引导页插画 1

微课
绘制家电 App
引导页插画 2

8.2 海报设计——制作博物馆讲座海报

8.2.1 【项目背景】

1. 客户名称

*** 博物馆。

2. 客户需求

制作一款博物馆讲座海报，以宣传博物馆讲座活动为主要内容，要求内容明确清晰，能够适用于平台传播。

8.2.2 【项目要求】

（1）海报内容以博物馆讲座活动为主，将文字与图片结合。

（2）色调典雅，给人大气、古朴的视觉感受。

图片以文物展示为主，烘托文物保存与修复主题。

（3）文字的设计清晰明了，具有可读性。

（4）设计规格为 420 mm（宽）×570 mm（高），分辨率为 300 dpi。

8.2.3 【项目设计】

本案例的设计流程如图 8-2 所示。

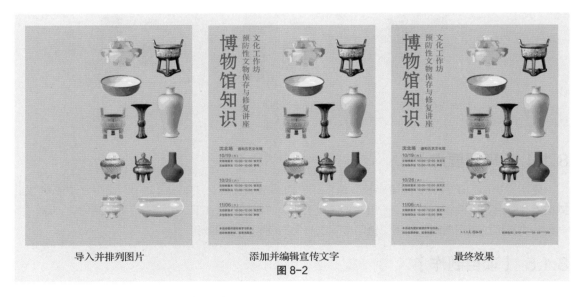

导入并排列图片　　　　添加并编辑宣传文字　　　　最终效果

图 8-2

8.2.4 【项目要点】

使用"导入"命令添加素材图片，使用"选择"工具、"对齐与分布"泊坞窗排列图片，使用"文本"工具、"文本"泊坞窗添加标题和其他信息，使用"2点线"工具、"轮廓笔"工具添加装饰线条。

8.2.5 【项目制作】

8.3 Banner 设计——制作电商类 App 主页 Banner

8.3.1 【项目背景】

1. 客户名称

创维科技。

2. 客户需求

创维科技是一家小型家电科技有限公司，现需要为新款榨汁机制作 Banner 宣传广告，要求能够吸引潜在客户购买这款榨汁机，并提高品牌知名度。

8.3.2 【项目要求】

（1）宣传主题醒目，产品特点鲜明。

（2）文字使用与果汁相关的色彩，与主题关联。

（3）设计风格简洁，营造轻松生活氛围。

（4）设计规格为 1920 px（宽）×600 px（高），分辨率为 72 dpi。

8.3.3 【项目设计】

本案例的设计流程如图 8-3 所示。

添加 Banner 底图

添加标题文字

图 8-3

最终效果

图 8-3（续）

8.3.4 【项目要点】

使用"文本"工具、"文本"泊坞窗和"编辑填充"对话框添加标题文字，使用"多边形"工具、"形状"工具、"椭圆形"工具、"轮廓笔"工具和"文本"工具制作功能展示标签，使用"矩形"工具、"圆角半径"选项和"文本"工具制作详情和购买按钮。

8.3.5 【项目制作】

扫码观看
本案例步骤

微课

制作电商
类 App 主页
Banner

8.4 图书封面设计——制作刺绣图书封面

8.4.1 【项目背景】

1. 客户名称

华彩出版社。

2. 客户需求

华彩出版社是一家专注于传统文化艺术领域的出版机构，现要为一本刺绣图书设计，图书的内容是中国刺绣。

8.4.2 【项目要求】

（1）封面以展示刺绣作品为主，体现出本书特色。

（2）设计风格传统、典雅，运用古典花纹烘托主题。

（3）色调古朴，和图片色彩搭配合理。

（4）设计规格为 380 mm（宽）×260 mm（高），分辨率为 300 dpi。

8.4.3 【项目设计】

本案例的设计流程如图 8-4 所示。

<table>
<tr><td>制作封面</td><td>制作封底</td><td>最终效果</td></tr>
</table>

图 8-4

8.4.4 【项目要点】

使用辅助线分割页面，使用"导入"命令添加素材图片，使用"文本"工具、"文本"泊坞窗添加封面文字信息，使用"矩形"工具、"圆角半径"选项、"形状"工具、"添加节点"按钮绘制装饰图形，使用"字形"命令插入需要的字符。

8.4.5 【项目制作】

扫码观看　制作刺绣图书　制作刺绣图书
本案例步骤　封面 1　封面 2

8.5 包装设计——制作夹心饼干包装

8.5.1 【项目背景】

1. 客户名称

麦维特食品有限公司。

2. 客户需求

麦维特食品有限公司是一家主要经营零食的公司，现在需要为本公司的新产品——全麦夹心饼干制作产品包装。

8.5.2 【项目要求】

（1）运用饼干实物图片刺激消费者的味蕾。

（2）以紫色为背景色，突出前景中的宣传主体。

（3）文字简洁，突出产品特色。

（4）设计规格为 330 mm（宽）×100 mm（高），分辨率为 300 dpi。

8.5.3 【项目设计】

本案例的设计流程如图 8-5 所示。

图 8-5

8.5.4 【项目要点】

使用"矩形"工具、"导入"命令、"旋转角度"选项和"水平镜像"按钮制作包装底图，使用"3 点椭圆形"工具、"透明度"工具、"转换为位图"命令和"高斯式模糊"命令为产品图片添加阴影效果，使用"文本"工具、"拆分"命令、"转换为曲线"命令、"形状"工具和填充工具制作产品名称，使用"矩形"工具、"圆角半径"选项、"移除前面对象"按钮、"文本"工具和"文本"泊坞窗制作营养成分标签，使用"矩形"工具、"椭圆形"工具、"调和"工具和"文本"工具制作品牌名称。

8.5.5 【项目制作】

8.6 课堂练习——制作食品宣传单

8.6.1 【项目背景】

1. 客户名称

味食美餐厅。

2. 客户需求

味食美餐厅是一家融合传统与创新的餐厅，端午节即将来临，现要为餐厅制作节日美食宣传单。

8.6.2 【项目要求】

（1）以端午节传统美食粽子为主要内容进行制作。

（2）使用纯色的背景烘托画面，使食品看起来精致诱人。

（3）文字信息清晰明了，便于顾客选购。

（4）设计规格为 92 mm（宽）×210 mm（高），分辨率为 300 dpi。

8.6.3 【项目设计】

本案例的设计效果如图 8-6 所示。

图 8-6

8.6.4 【项目要点】

使用"导入"命令添加产品图片，使用"文本"工具、"轮廓图"工具添加标题文字，使用"手绘"工具、"轮廓笔"工具绘制装饰线条，使用"矩形"工具、"圆角半径"选项、"文本"工具绘制标志，使用插入页面命令添加页面，使用"字形"命令插入需要的字符，使用"文本"工具、"制表位"命令添加产品品类，使用"文本"工具、"文本"泊坞窗添加其他相关信息。

8.7　课后习题——制作茶鉴赏图书封面

8.7.1 【项目背景】

1. 客户名称

教育科文出版社。

2. 客户需求

教育科文出版社即将出版一本名为《茶之鉴赏》的图书，主要介绍中国茶艺的历史与茶叶的分类等，要求围绕"茶之鉴赏"这一主题进行图书封面设计。

8.7.2 【项目要求】

（1）封面使用浅色的水墨感远山背景，为画面营造悠远的意境。

（2）前景以绿色茶山造型为主体，别出新意，画面和谐，主题鲜明。

（3）文字采用竖排版的形式，使封面更显典雅。

（4）设计规格为 440 mm（宽）×295 mm（高），分辨率为 300 dpi。

8.7.3 【项目设计】

本案例的设计效果如图 8-7 所示。

图 8-7

8.7.4 【项目要点】

　　使用辅助线分割页面，使用"矩形"工具、"导入"命令和"置于图文框内部"命令制作图书封面，使用"亮度/对比度/强度"命令和"颜色平衡"命令调整图片颜色，使用"高斯式模糊"命令制作图片的模糊效果，使用"文本"工具添加文字，使用"转换为曲线"命令和"渐变填充"按钮转换并填充书名。